内师

1952－2022

内蒙古师範大學

70周年校庆

70th ANNIVERSARY OF
INNER MONGOLIA NORMAL UNIVERSITY

内蒙古师范大学七十周年校庆学术著作出版基金资助出版

边界条件依赖谱参数及非连续 Sturm-Liouville 问题

玉　林　王桂霞　著

北京理工大学出版社
BEIJING INSTITUTE OF TECHNOLOGY PRESS

内 容 简 介

本书主要介绍非连续 Sturm-Liouville 算子以及边界条件依赖谱参数的三阶常微分算子谱的定性和定量分析方法。通过引入新的 Hilbert 空间，在新的空间中定义新的内积，将非经典的常微分算子转化为对称微分算子，利用无界线性算子及函数论的方法和技巧，获得了算子的同构性、可解性、强制性，特征值的依赖性以及特征函数系的完备性和特征函数的振动性，建立了求解特征值的判据，通过数值算例展示了非连续处转移条件对谱的影响，为微分算子的潜在应用奠定了良好的理论基础。本书发展了经典常微分算子的理论和方法，大部分内容是作者多年来的科研成果。

本书可作为计算数学和应用数学高年级本科生和研究生的选修课教材，也可供相关领域工作的教师和科研人员阅读参考。

图书在版编目(CIP)数据

边界条件依赖谱参数及非连续 Sturm－Liouville 问题 / 玉林，王桂霞著. --北京：北京理工大学出版社，2022.8

ISBN 978 - 7 - 5763 - 1565 - 3

Ⅰ. ①边…　Ⅱ. ①玉…　②王…　Ⅲ. ①微分算子　Ⅳ. ①O175.3

中国版本图书馆 CIP 数据核字(2022)第 134850 号

出版发行 / 北京理工大学出版社有限责任公司
社　　址 / 北京市海淀区中关村南大街 5 号
邮　　编 / 100081
电　　话 / (010)68914775（总编室）
(010)82562903（教材售后服务热线）
(010)68944723（其他图书服务热线）
网　　址 / http://www.bitpress.com.cn
经　　销 / 全国各地新华书店
印　　刷 / 三河市华骏印务包装有限公司
开　　本 / 710 毫米×1000 毫米　1/16
印　　张 / 10.25
字　　数 / 155 千字
版　　次 / 2022 年 8 月第 1 版　2022 年 8 月第 1 次印刷
定　　价 / 48.00 元

责任编辑 / 孟祥雪
文案编辑 / 孟祥雪
责任校对 / 周瑞红
责任印制 / 李志强

前 言

微分算子是一类重要的无界线性算子，在数学、物理、工程技术、金融学以及医学等方面应用广泛。如弦振动问题、流体动力学和磁流体力学的稳定性理论、描述地球振荡问题的地球物理模型、医学中药物扩散问题以及由不同材料重叠形成的薄膜层板块的热传导问题等，都可归结为确定的微分算子问题。微分算子的研究包括亏指数理论、自共轭扩张、数值方法、特征函数的完备性和特征值的依赖性、强制性、渐近估计以及反谱问题等诸多内容。

20 世纪 50 年代，从申又枨先生率先在国内开展常微分算子领域的研究工作开始，国内逐渐形成了几个常微分算子的研究团队，取得了多项开创性研究成果，在国际上产生了一定影响力。曹之江先生著的《常微分算子》，刘景麟先生著的《常微分算子谱论》，孙炯先生等著的《线性算子的谱分析》，傅守忠教授等著的《Sturm-Liouville 问题及其逆问题》及《Sturm-Liouville 问题的几何结构》等专著，都已成为国内常微分算子方向研究生的教科书和必读参考资料。近年来，边界条件依赖谱参数及非连续 Sturm-Liouville 问题引起了众多专家学者的关注，但这方面的参考资料相对较少。本书作者通过引入新的 Hilbert 空间，在新的空间中定义新的内积，将非经典的常微分算子转化为对称微分算子，发展了经典微分算子理论中的方法和技巧，并将其应用于边界条件依赖谱参数及非连续 Sturm-Liouville 问题的研究，为微分算子的应用奠定了良好的理论基础。

本书可作为应用数学和计算数学高年级本科生和研究生的选修课教材，也可供相关领域工作的教师和科研人员阅读参考。

在此我们向内蒙古师范大学、内蒙古大学、两位作者的导师、课题组的学生以及帮助过我们的朋友表示衷心感谢！本书得到了国家自然基金（基金号：62161045）和内蒙古自治区高等学校科学研究基金（基金号：NJZY21570）的资助，特此表示感谢！

由于作者水平及经验有限，书中难免有遗漏和不妥之处，欢迎广大读者批评指正。

目　录

第 1 章 Sturm-Liouville 问题描述

常微分算子是一类重要的无界线性算子，应用广泛，如工程结构中的梁振动问题、海洋内孤立波的垂向结构以及医学中药物洗脱支架技术等都可归结为确定的常微分方程边值问题．常微分算子理论是集常微分方程、泛函分析、算子代数等理论、方法于一体，系统且内容广泛的数学分支．它是数学物理方程及其他技术领域的数学工具．常微分算子的研究包括亏指数理论、自共轭扩张、谱的定性定量分析、数值方法、特征函数系的完备性、特征值的依赖性、渐近估计以及反谱问题等内容．

1.1 物理背景

Sturm-Liouville 算子的研究可以追溯到 19 世纪法国数学家、物理学家 J. Fourier 为了解决固体热传导问题建立的数学模型．1836－1837 年，法国数学家 C. Sturm 和 J. Liouville 所获得的关于正则二阶微分算子谱问题的一系列学术成果奠定了 Sturm-Liouville 理论的思想基础．经过近 200 年的发展，经典 Sturm-Liouville 理论日臻完善，且为众多应用科学提供了重要的理论支撑．众所周知，经典 Sturm-Liouville 算子的边界条件中不含谱参数，且最大算子域至少要求算子所作用的函数是连续的，但一些实际问题的数学模型并不满足这两个条件．例如地球振荡的地球物理模型、内部具有阻尼的弦振动问题、医学中药物扩散问题以及由不同材料重叠形成的薄膜层板块的热传导问题等[10,130,131,136,159]．处理上述问题时，往往在非连续点附加适当的条件来刻画两侧的联系，使之转化为非连续微分算子问题，在本书中称附加的条件为转移条件．近年来，内部具有非连续性的微分算子研究引起了数学、物理学、力学、地球物理学及其他工程和自然科学领域中诸多专家学者的研究兴趣，并取得了一定的成果[2,4,14,69,70,126,130,145,147,152,173,191]．内部具有非连续性是指微分方程的解或者解的拟导数（或者高阶拟导数）在定义区间内某些点处间断（即非连续点），很显然，此类问题以及边界条件依赖谱参数的问题不能用经典 Sturm-Liouville 理论来解决．

进一步研究发现，许多实际的物理问题，如声波在水下传播时遇到不同障碍物返回波的频率有所不同的波传播问题；绳子的一端固定在天花板上，另一端系一弹簧，弹簧下面固定一个有一定质量的物体，摆动物体时的弦振动问题等，用 Sturm-Liouville 问题描述时，边界条件中都涉及谱参数．对于边界条件依赖谱参数的问题，以在地震作用下，不规则高层建筑结构进入屈服阶段的仿真抗震计算为例．在地震作用下，不规则高层建筑楼层质量中心和刚度中心不重合，使其地震反映规律表现得相当复杂，直接测试很难做到. 为了提高结构抗震设计水平，开展对地震反应规律的仿真研究受到国内外专家学者的高度重视．框架结构一直是结构抗震研究的主要对象之一，框架结构中的单杆模型，即一根直杆两端连接弹簧，这两个等效弹簧用来描述杆件的弯矩—曲率关系. 另一类弹簧组合体杆模型，用以计算内力和变形，该模型除直杆和两端的弹簧外，还有为了区分保护层混凝土和核心区混凝土而设置的 16 个或 8 个混凝土弹簧及 9 个钢筋弹簧．单杆模型可以抽象为边界条件依赖谱参数的 Sturm-Liouville 问题，组合体杆模型可以抽象为边界条件及转移条件都依赖谱参数的非连续 Sturm-Liouville 问题[16]．

以地震波在地球中传播为例，地震波在地球内部传播时称为体波．体波主要包括纵波和横波两种．地幔与上下层不同物质的分界处称为非连续面，与上层地壳分界面是莫霍非连续面，与深层地核的分界面是古登堡非连续面．纵波和横波遇到非连续面时，速度会发生明显变化，在莫霍非连续面上，纵波和横波传播速度增加明显，通过此界面向下，纵波和横波速度都突然增加，直到古登堡非连续面，横波突然完全消失，纵波徒然减速．这表明外核是熔岩．地震波的传播速度与地球内部的圈层划分如

图 1.1.1 所示.

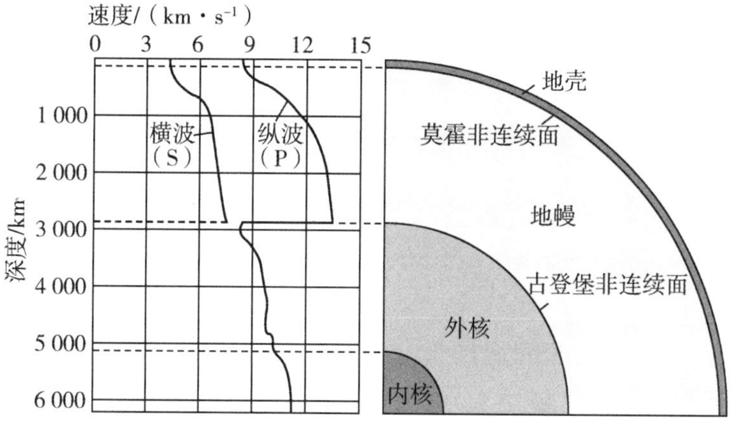

图 1.1.1 地震波的传播速度与地球内部的圈层划分

假设 u 表示质点位移,$\dot{u}=\mathrm{d}u/\mathrm{d}r$,$u(R_m+0)=\lim\limits_{r\to R_m^+}u(r)$,$u(R_m-0)=\lim\limits_{r\to R_m^-}u(r)$. w 表示特征频率,l 表示下角标,R_c 表示地核的半径,R_m 表示地球中心到莫霍非连续面的距离,R 表示地球的半径,且 $R_c<R_m<R$ 给定. 区间 $I=[R_c,R_m)\cup(R_m,R]$,地球密度 $\rho(r)$ 和横波速度 $\beta(r)$ 在 I 的每一个紧子集上二次连续可微. 1984 年,O. Hald 把群速度 $U=ru$ 代入球对称、不考虑自转的地球模型中,得到特征值问题

$$-(r^4\rho\beta^2\dot{u})'+(l+2)(l-1)r^2\rho\beta^2 u=w^2r^4\rho u,\ r\in I$$
$$\dot{u}(R_c)=\dot{u}(R)=0$$
$$u(R_m+0)=u(R_m-0)$$
$$(r^4\rho\beta^2\dot{u})(R_m+0)=r^4(\rho\beta^2\dot{u})(R_m-0),\ r=R_m$$

并利用 Liouville 变换,将上述特征值问题转换成由微分方程

$$-u''+q(x)u=\lambda u,\ x\in(0,\pi)$$

边界条件

$$u'(0)-hu(0)=u'(\pi)+Hu'(\pi)=0$$

和转移条件

$$u(d+0)=au(d-0),u'(d+0)=a^{-1}u'(d-0)+bu(d-0)$$

构成的特征值问题[76,92]，其中，$q(x)$是可积函数，$0<d<\frac{1}{2}\pi$，且$|a-1|+|b|>0$.

下面考虑叠层板块的温度变化方程．设板块 $x\in[0,l]$ 由两层相连接的物质组成，一层板块为 $x\in[0,c]$，另一层板块为 $x\in[c,l]$，则可得相应的温度方程为[47,157]

$$\rho(x)\frac{\partial v(x,t)}{\partial x}=\frac{\partial}{\partial x}\left[p(x)\frac{\partial v(x,t)}{\partial x}-q(x)v(x,t)\right] \quad (1.1.1)$$

$$x\in[0,c)\cup(c,l],t>0$$

其中，$p(x)>0$，$q(x)\geqslant 0$ 且 $\rho(x)$ 为实值函数，$\rho(x)$ 可以变号，$p(x)$ 可微，$p'(x)$，$q(x)$，$\rho(x)$ 在区间 $[0,c)\cup(c,l]$ 上分段连续，$p(x)$，$q(x)$，$\rho(x)$ 在 c 点处存在有限的极限且 $p(c\pm 0)>0$.

令上述方程的解 $v(x,t)$ 在交界面处满足转移条件：

$$v(c-0,t)=hv(c+0,t) \quad (1.1.2)$$

$$v_x(c-0,t)=kv_x(c+0,t) \quad (1.1.3)$$

其中，$h>0$，$k>0$ 为给定实数．在物体两个表面 $x=0$，$x=l$ 处满足条件：

$$v(0,t)=0=v(l,t) \quad (1.1.4)$$

当时间 $t=0$ 时，初始温度为 $v(x,0)=f(x)$，$x\in[0,c)\cup(c,l]$. 不失一般性，不妨假定初始温度函数 $f(x)=0$，找一个满足条件 (1.1.2)～条件(1.1.4) 的非零解，再利用变量分离法可得

$$v(x,t)=e^{-\lambda t}y(x) \quad (1.1.5)$$

其中，$\lambda \in \mathbb{C}$. 将其代入式(1.1.1)～式(1.1.4)，可得

$$-(py')'+qy=\lambda py, x\in[0,c)\cup(c,l] \tag{1.1.6}$$

$$y(c-0)=hy(c+0) \tag{1.1.7}$$

$$y'(c-0)=ky'(c+0) \tag{1.1.8}$$

$$y(0)=0=y(l) \tag{1.1.9}$$

至此，界面处完全热接触的两层板块的温度变化问题转化成了内部具有一个非连续点的 Sturm-Liouville 问题. 而界面处完全热接触多层板块的非均匀导热问题可以转换成内部具有多个不连续点的 Sturm-Liouville 问题来研究 .

1.2　微分算子的相关研究成果

1954 年，E. Coddington 给出了定义在有限闭区间上的高阶对称微分算子自共轭域的完全解析描述[48]. 同年，M. Naimark 根据自共轭算子的一般构造原理，对于在有限闭区间上由拟导数定义的对称微分算子，给出了其自共轭域边界条件中的系数所应满足的充要条件[148].

对于奇异型微分算子的研究，1910 年，H. Weyl 开创了二阶奇型 Sturm-Liouville 问题的研究[200]. 1937 年，E. Titchmarsh 利用 Weyl 提出的圆套法给出了所谓的 Weyl-Titchmarsh 域[179]. 直到 20 世纪六七十年代，W. Everitt 运用矩阵法，给出了极限点型和极限圆型的 n 阶奇异对称微分算子自伴域的解析描述，对极限点型给出了完全描述，但是对极限圆型未能给出完全描述[69～71]. 1985 年，曹之江首先给出了二阶奇异微分算子自共轭扩张的完全描述，其次给出了高阶极限圆型微分算子自共轭域的一种直接而完全的描述，并且证明了 Weyl-Titchmarsh 域是其中的一个特例[38,39,44].

1986 年，孙炯给出了具有中间亏指数微分算子自共轭域的完全刻画[172]. 2002 年，王万义在他的博士论文中首次对微分算子的自伴域进行分类研究，利用辛几何刻画了对称微分算子的对称扩张，给出了二阶

常型与奇型、高阶常型与奇型、具有中间亏指数的微分算子自伴域的辛结构[192,193]. 2004 年,魏广生等给出了奇型 Sturm-Liouville 微分算子限界自伴扩张的充要条件,从而得到了按边界条件分类的所有限界自伴边界条件[196]. 2008－2009 年,王爱平等利用实参数解给出了微分算子自共轭域的描述,并对自伴边界条件进行了分类[188,189]. 2012 年和 2017 年,郝晓玲等分别给出了正则和奇异四阶微分算子的自伴边界条件的标准型[93,94],刻画了任意阶、复系数、任意亏指数的一般常微分算子的自共轭域[95].

特征值和特征函数关于问题依赖性的研究在微分算子理论中具有非常重要的意义,它为特征值的数值计算提供了理论支撑[17,18,90]. 1993 年, M. Dauge 等证明了正则 Sturm-Liouville 问题在 Neumann 边界条件下的特征值是关于区间端点的可微函数[51]. 1996 年,Q. Kong 等在更一般的边界条件下对这一问题进行了深入研究,证明了问题的特征值不仅连续依赖且可微地依赖于问题的参数,并给出了特征值关于给定参数的微分表达式[121,122]. 1997 年,证明了 $2n$ 阶线性正则两点边值问题的特征值连续依赖于该问题,在自伴的情况下,这种依赖性是可微的,并且得到了特征值关于给定参数的导数[123]. 1999 年,他们进一步证明了第 n 个特征值对方程系数连续依赖,但对边界条件一般情况下非连续依赖,同时得到了第 n 个特征值函数在由边界条件所组成空间上的所有非连续点,以及在非连续点附近的渐近行为,从而完全刻画了第 n 个特征值对边界条件的非连续依赖[124]. 随后许多学者对这一问题进行了广泛研究,包括四阶微分算子[177],带有转移条件的二阶、四阶和 $2n$ 阶微分算子[129,130,218]以及边界条件含有谱参数的 Sturm-Liouville 问题的特征值的依赖性等[217].

以上工作绝大部分都是关于偶数阶微分算子的研究. 奇数阶微分算子非常复杂,即使是三阶微分算子也不存在严格分离的边界条件,因此关于奇数阶微分算子的研究成果很少. 近年来,Uğurlu 考虑了正则三阶微分算子的自伴性及其特征值关于问题的依赖性[182,183]. 2020 年,牛天等给出了三阶微分算子自伴边界条件的标准型[151].

对内部非连续 Sturm-Liouville 问题进行研究时通常把该问题看作直和空间中相应的微分算子问题开展研究工作. 早在 20 世纪八九十年代,W. Everitt 等在直和空间中给出了微分算子自伴域的刻画,并将两个区间直和空间问题推广到有限直和空间和可数无穷直和空间的情形[69,70]. 2007 年 J. Sun 等推广了文献[213]中第 13 章的结论,结合非连续点附加的转移条件定义了新的内积,建立了带有适当参数的新的 Hilbert 空间,在该空间中刻画了两区间奇异 Sturm-Liouville 问题的所有自伴实现[173],其中实耦合边界条件系数矩阵的行列式为任意正数. 2015 年,O. Mukhtarov 等在具有内积倍数的情形下,将正则 Sturm-Liouville 问题的谱性质推广到边界条件依赖特征参数且具有两个转移条件的一类特殊非连续的边值问题上[147]. 2016 年,Y. Zhao 等将以上结论进一步推广到具有无限个非连续点的情形,给出了自伴域的刻画[219]. 另外,对内部具有非连续点的 Sturm-Liouville 问题的特征函数的完备性、Green 函数、特征值和特征函数的渐近估计及特征值和特征函数的连续依赖性等方面也有大量的研究成果[4,13,129,130,141,170,216].

近年来,关于非局部 Sturm-Liouville 问题的可解性和谱的研究,受到许多学者的关注[109~111,145,164],而多点 Sturm-Liouville 问题是其中一种重要的情形. 在经典微分方程边值问题中,方程系数是连续的,并且边界条件只考虑区间端点. 在具有非连续系数的非经典二阶微分方程边值问题中,非局部边界条件不仅包括区间端点,还包括有限多个内点. 1999 年,S. Yakubov 等在文献[207]中研究了具有非分离非正则边界条件,并且方程中含有抽象算子、边界条件中含有泛函的二阶常微分方程边值问题,得到了算子的可解性、同构性以及 Fredholm 性等性质. 2002 年,O. Mukhtarov 等在加权 Sobolev 空间中研究了边界条件和转移条件都带有线性泛函的边值问题,证明了问题的根函数关于特征参数的同构性和强制性[145]. M. Kandemir 等将其结果推广到内部具有一个非连续点,并且边界条件中含有积分项的非局部情形,得到了类似的结论[108~111].

第 2 章　三阶微分算子的谱分解

本章研究了一类由三阶微分方程和耦合边界条件构成的边值问题(2.1.1)～(2.1.4)，其中两个边界条件是分离的且线性依赖谱参数. 另一个边界条件是耦合的. 定义一个新的 Hilbert 空间，利用线性算子的经典理论，结合两个分离边界条件中的系数在新的 Hilbert 空间上构造了一个新的内积，把边值问题(2.1.1)～(2.1.4)的特征值问题转换成新的 Hilbert 空间上对称微分算子 T 的谱问题进行研究.

2.1　三阶微分算子的自伴实现及其 Green 函数

本节证明了边值问题的自伴性，给出了特征值和特征函数的相关性质，并且得到了问题的 Green 函数.

2.1.1　预备知识

考虑如下三阶对称微分方程

$$\ell(y)=\frac{1}{w}\{-\mathrm{i}[q_0(q_0y')']'-(p_0y')'+\mathrm{i}[q_1y'+(q_1y)']+p_1y\}$$

$$=\lambda y,\ x\in[a,b] \tag{2.1.1}$$

和边界条件

$$L_1y=(\alpha_1\lambda+\widetilde{\alpha}_1)y(a)-(\alpha_2\lambda+\widetilde{\alpha}_2)y^{[2]}(a)=0 \tag{2.1.2}$$

$$L_2y=(\beta_1\lambda+\widetilde{\beta}_1)y(b)-(\beta_2\lambda+\widetilde{\beta}_2)y^{[2]}(b)=0 \tag{2.1.3}$$

$$L_3y=(\mathrm{i}+\sin\theta)y^{[1]}(a)+(1+\mathrm{i}\sin\theta)y^{[1]}(b)=0 \tag{2.1.4}$$

构成的边值问题. 其中 λ 为谱参数，方程的系数函数 q_0,q_1,p_0,p_1 和权函数 w 满足如下条件

$$q_0^{-1}, q_0^{-2}, p_0, q_1, p_1, w \in L^1([a,b], \mathbb{R}), q_0 > 0, w > 0 \quad (2.1.5)$$

边界条件参数 $\alpha_k, \tilde{\alpha}_k, \beta_k, \tilde{\beta}_k (k=1,2)$ 是任意实数，并且满足

$$\begin{aligned} \rho_1 &= \tilde{\alpha}_1 \alpha_2 - \alpha_1 \tilde{\alpha}_2 > 0 \\ \rho_2 &= \tilde{\beta}_1 \beta_2 - \beta_1 \tilde{\beta}_2 > 0 \end{aligned} \quad (2.1.6)$$

定义 y 的拟导数如下[183]

$$\begin{aligned} & y^{[0]} = y, y^{[1]} = -\frac{1+\mathrm{i}}{\sqrt{2}} q_0 y' \\ & y^{[2]} = \mathrm{i} q_0 (q_0 y')' + p_0 y' - \mathrm{i} q_1 y \end{aligned} \quad (2.1.7)$$

令 $H_w = L_w^2[a,b]$ 是在内积 $\langle y, z \rangle_w = \int_a^b y \bar{z} w \mathrm{d}x$ 下，所有满足条件 $\int_a^b |y|^2 w \mathrm{d}x < \infty$ 的函数 y 构成的加权 Hilbert 空间.

定义空间 H_w 中的最大算子为

$$L_{\max} y = \ell(y), \ y \in H_w$$

最大算子域为

$$D_{\max} = \{ y \in L_w^2[a,b] \mid y, y^{[1]}, y^{[2]} \in AC[a,b], \ell(y) \in L_w^2[a,b] \}$$

对任意的 $y, z \in D_{\max}$，通过分部积分可得 Lagrange 等式

$$\langle Ly, z \rangle_w - \langle y, Lz \rangle_w = [y, \bar{z}]_a^b$$

其中

$$[y, \bar{z}]_a^b = [y, \bar{z}](b) - [y, \bar{z}](a)$$

$$[y, \bar{z}](x) = y(x) \overline{z^{[2]}(x)} - y^{[2]}(x) \overline{z(x)} + \mathrm{i} y^{[1]}(x) \overline{z^{[1]}(x)}$$

通过拟导数的定义，可将微分方程（2.1.1）转化为以下一阶系统

$$\boldsymbol{Y}' + \boldsymbol{Q}\boldsymbol{Y} = \lambda \boldsymbol{W}\boldsymbol{Y} \quad (2.1.8)$$

其中

$$\boldsymbol{Y} = \begin{pmatrix} y^{[0]} \\ y^{[1]} \\ y^{[2]} \end{pmatrix}, \boldsymbol{W} = \begin{pmatrix} 0 & 0 & 0 \\ 0 & 0 & 0 \\ -w & 0 & 0 \end{pmatrix}$$

$$Q=\begin{pmatrix} 0 & \dfrac{\sqrt{2}}{(1+\mathrm{i})q_0} & 0 \\ \dfrac{(1+\mathrm{i})q_1}{\sqrt{2}q_0} & -\dfrac{\mathrm{i}p_0}{q_0^2} & \dfrac{\sqrt{2}}{(1+\mathrm{i})q_0} \\ -p_1 & \dfrac{(1+\mathrm{i})q_1}{\sqrt{2}q_0} & 0 \end{pmatrix}$$

由条件(2.1.5)和式(2.1.8),可得下述定理成立.

定理 2.1.1[186] 方程(2.1.1)存在唯一解 $y(x,\lambda)$ 满足初值条件 $y^{[j]}(c,\lambda)=c_j(\lambda)$,其中 $j=0,1,2$,$c\in[a,b]$,$c_j(\lambda)$是任意复数,而且 $y^{[j]}(x,\lambda)$ 是关于 λ 的整函数.

2.1.2 算子公式和自伴性

为方便研究,本节将边值问题(2.1.1)～(2.1.4)转化为算子的形式,使得该算子的特征值与边值问题的特征值相一致.

下面引入一个新的 Hilbert 空间 $H=H_w\oplus\mathbb{C}^2$,其中 H_w 为上面定义的加权 Hilbert 空间,$\mathbb{C}^2$ 为复数域乘积空间,$\boldsymbol{Y}=(y(x),y_1,y_2)\in H$,则 $y(x)\in H_w$,$y_1,y_2\in\mathbb{C}$.在空间 H 上的内积定义为

$$\langle\boldsymbol{Y},\boldsymbol{Z}\rangle=\int_a^b y\bar{z}w\,\mathrm{d}x+\frac{1}{\rho_1}y_1\bar{z}_1+\frac{1}{\rho_2}y_2\bar{z}_2 \tag{2.1.9}$$

其中,$\boldsymbol{Y}=(y(x),y_1,y_2)$,$\boldsymbol{Z}=(z(x),z_1,z_2)\in H$.

在空间 H 中定义算子 T,其定义域为

$$\begin{aligned} D(T)=\{\boldsymbol{Y}=(y(x),y_1,y_2)\in H\mid y_1=M_1(y)\\ y_2=M_2(y),L_3y=0,y\in D_{\max}\}\end{aligned} \tag{2.1.10}$$

$$\begin{aligned}\boldsymbol{Y}&=(y(x),M_1(y),M_2(Y))\\ T\boldsymbol{Y}&=(\ell(y),N_1(y),N_2(y))\end{aligned} \tag{2.1.11}$$

其中

$$
\begin{aligned}
M_1(y)&=\alpha_1 y(a)-\alpha_2 y^{[2]}(a)\\
M_2(y)&=\beta_1 y(a)+\beta_2 y^{[2]}(b)\\
N_1(y)&=\widetilde{\alpha}_2 y^2(a)-\widetilde{\alpha}_1 y(a)\\
N_2(y)&=-[\widetilde{\beta}_1 y(b)+\widetilde{\beta}_2 y^{[2]}(b)]
\end{aligned}
\tag{2.1.12}
$$

由上面的定义和边值问题(2.1.1)～(2.1.4),可得

$$TY=\lambda Y \tag{2.1.13}$$

至此,将研究边值问题(2.1.1)～(2.1.4)的特征值问题转化成研究新的 Hilbert 空间 H 上的算子 T 的谱问题.

通过考虑算子 T,可得下面的结论.

引理 2.1.1　边值问题 (2.1.1)～(2.1.4) 与算子 T 有相同的特征值,并且该边值问题的特征函数是算子 T 相应的特征函数的第一个分量.

证明　对任意的 $\boldsymbol{Y}=(y(x),y_1,y_2)\in D(T)$,由式(2.1.11)和式(2.1.13)可得

$$T\boldsymbol{Y}=(\ell(y),N_1(y),N_2(y))=\lambda(y(x),M_1(y),M_2(y))$$

因此,结合边值问题 (2.1.1)～(2.1.4) 可得结论.

引理 2.1.2　算子 T 的定义域在 Hilbert 空间 H 中稠密.

证明　设 $\boldsymbol{F}=(f(x),f_1,f_2)\in H$,且 $\boldsymbol{F}\perp D(T)$. 由于 $C_0^\infty\oplus 0\oplus 0\subset D(T)(0\in\mathbb{C})$,因此对任意的 $\boldsymbol{V}=(v(x),0,0)\in C_0^\infty\oplus 0\oplus 0$,都有

$$\langle \boldsymbol{F},\boldsymbol{V}\rangle=\int_a^b f\bar{v}w\,\mathrm{d}x=0$$

因为 C_0^∞ 在空间 $L^2[a,b]$中稠密[207],所以也在空间 $H_w=L_w^2[a,b]$中稠密,故 $f(x)=0$,即 $\boldsymbol{F}=(0,f_1,f_2)$. 因此,对任意的 $\boldsymbol{Y}=(y(x),y_1,0)\in D(T)$,由 H 中内积的定义可得

$$\langle \boldsymbol{F},\boldsymbol{Y}\rangle=\frac{1}{\rho_1}f_1\bar{y}_1=0$$

因为 y_1 是任意复数,所以 $f_1=0$. 进一步地,对所有的 $\boldsymbol{Z}=(z(x),$

$z_1, z_2) \in D(T)$，都有

$$\langle \boldsymbol{F}, \boldsymbol{Z} \rangle = \frac{1}{\rho_2} f_2 \bar{z}_2 = 0$$

又因为 z_2 为任意复数，因此 $f_2 = 0$. 故 $\boldsymbol{F} = (0, 0, 0)$，因此算子 T 的定义域在 H 中稠密.

引理 2.1.3 算子 T 是对称的.

证明 对任意的 $\boldsymbol{Y}, \boldsymbol{Z} \in D(T)$，由分部积分可得

$$\langle T\boldsymbol{Y}, \boldsymbol{Z} \rangle - \langle \boldsymbol{Y}, T\boldsymbol{Z} \rangle = [y, \bar{z}](b) - [y, \bar{z}](a) + \frac{1}{\rho_1} N_1(y) \overline{M_1(z)} - \frac{1}{\rho_1} M_1(y) \overline{N_1(z)} + \frac{1}{\rho_2} N_2(y) \overline{M_2(z)} - \frac{1}{\rho_2} M_2(y) \overline{N_2(z)} \tag{2.1.14}$$

由边界条件(2.1.4)和式 (2.1.6)、式(2.1.12)可得

$$y^{[2]}(a)\overline{z(a)} - y(a)\overline{z^{[2]}(a)} = \frac{1}{\rho_1} M_1(y) \overline{N_1(z)} - \frac{1}{\rho_1} N_1(y) \overline{M_1(z)} \tag{2.1.15}$$

$$y^{[2]}(b)\overline{z(b)} - y(b)\overline{z^{[2]}(b)} = \frac{1}{\rho_2} N_2(y) \overline{M_2(z)} - \frac{1}{\rho_2} M_2(y) \overline{N_2(z)} \tag{2.1.16}$$

$$y^{[1]}(b)\overline{z^{[1]}(b)} - y^{[1]}(a)\overline{z^{[1]}(a)} = 0 \tag{2.1.17}$$

将式(2.1.15)～式(2.1.17)代入式(2.1.14)可得

$$\langle T\boldsymbol{Y}, \boldsymbol{Z} \rangle - \langle \boldsymbol{Y}, T\boldsymbol{Z} \rangle = 0$$

因此算子 T 是对称的.

在引理 2.1.3 的基础上可得下面的定理.

定理 2.1.2 算子 T 是自伴的.

证明 因为算子 T 是对称的，所以只需证明对任意的 $\boldsymbol{Y} = (y(x),$

$y_1, y_2) \in D(T)$，若 $\langle T\boldsymbol{Y}, \boldsymbol{Z}\rangle = \langle \boldsymbol{Y}, \boldsymbol{U}\rangle$，则 $\boldsymbol{Z} \in D(T)$ 并且 $T\boldsymbol{Z} = \boldsymbol{U}$ 即可，其中 $\boldsymbol{Z} = (z(x), z_1, z_2)$，$\boldsymbol{U} = (u(x), u_1, u_2)$，即要证明

(1) $z^{[j]}(x) \in AC[a,b]$，$j = 0,1,2$，且 $\ell(z) \in H_w$；

(2) $z_1 = \alpha_1 z(a) - \alpha_2 z^{[2]}(a)$，$z_2 = \beta_1 z(b) + \beta_2 z^{[2]}(b)$；

(3) $L_3 z = 0$；

(4) $u(x) = \ell(z)$；

(5) $u_1 = \widetilde{\alpha}_2 z^{[2]}(a) - \widetilde{\alpha}_1 z(a)$，$u_2 = -[\widetilde{\beta}_1 z(b) + \widetilde{\beta}_2 z^{[2]}(b)]$.

设任意的 $\boldsymbol{V} = \{v(x), 0, 0\} \in \mathbb{C}_0^\infty \oplus 0 \oplus 0 \in D(T)$ 都满足

$$\int_a^b \ell(v)\bar{z}w\,\mathrm{d}x = \int_a^b v\bar{u}w\,\mathrm{d}x$$

即 $\ell\langle v, z\rangle_w = \langle v, u\rangle_w$. 根据经典算子理论[38]，可得结论(1)和(4). 由式(2.1.9)、式(2.1.11)和结论(4)知，对所有的 $\boldsymbol{Y} = (y(x), y_1, y_2) \in D(T)$，方程 $\langle T\boldsymbol{Y}, \boldsymbol{Z}\rangle = \langle \boldsymbol{Y}, \boldsymbol{U}\rangle$ 变成

$$\langle \ell(y), z\rangle_w - \langle y_1, \ell(z)\rangle_w = \frac{1}{\rho_1}[M_1(y)\bar{u}_1 - N_1(y)\bar{z}_1] + \frac{1}{\rho_2}[M_2(y)\bar{u}_2 - N_2(y)\bar{z}_2]$$

由于

$$\langle \ell(y), z\rangle_w = \langle y, \ell(z)\rangle_w + [y, \bar{z}]_a^b$$

因此

$$\frac{1}{\rho_1}[M_1(y)\bar{u}_1 - N_1(y)\bar{z}_1] + \frac{1}{\rho_2}[M_2(y)\bar{u}_2 - N_2(y)\bar{z}_2] = [y, \bar{z}]_a^b \tag{2.1.18}$$

由 Naimark 补缀引理[148]可得，存在 $\boldsymbol{Y}_1 = (y_1(x), y_{11}, y_{12}) \in D(T)$，使

$$y_1(b) = y_1^{[1]}(b) = y_1^{[2]}(b) = y_1^{[1]}(a) = 0$$

$$y_1(a) = \alpha_2,\ y_1^{[2]}(a) = \alpha_1.$$

代入式(2.1.18)可得 $z_1 = \alpha_1 z(a) - \alpha_2 z^{[2]}(a)$. 类似地，存在 $\boldsymbol{Y}_2 = (y_2(x), y_{21}, y_{22}) \in D(T)$，使

$$y_2(a) = y_2^{[1]}(a) = y_2^{[2]}(a) = y_2^{[1]}(b) = 0$$

$$y_2(b)=\beta_2,\ y_2^{[2]}(b)=-\beta_1$$

于是由式(2.1.18)可得 $z_2=\beta_1 z(b)+\beta_2 z^{[2]}(b)$. 所以，结论(2)成立.

利用同样的方法可以证明结论(5)成立.

下面证明结论(3). 选取 $\boldsymbol{Y}_3=(y_3(x),y_{31},y_{32})\in D(T)$，使满足

$$y_3(a)=y_3^{[2]}(a)=y_3(b)=y_3^{[2]}(b)=0$$

$$y_3^{[1]}(a)=\mathrm{i}-\sin\theta,\ y_3^{[1]}(b)=1-\mathrm{i}\sin\theta$$

于是由式(2.1.18)可得结论(3)成立.

综上所述，算子 T 是自伴的.

由算子 T 的自伴性，可得下面的结论.

推论 2.1.1 算子 T 的特征值是实的，并且没有有限的聚点.

推论 2.1.2 设 λ_1 和 λ_2 是算子 T 的两个不同的特征值，$\boldsymbol{Y}_1=(y_1(x),y_{11},y_{12})$ 和 $\boldsymbol{Y}_2=(y_2(x),y_{21},y_{22})$ 分别为它们对应的特征函数，则 $y_1(x)$ 和 $y_2(x)$ 在

$$\int_a^b y_1\overline{y_2}w\,\mathrm{d}x+\frac{1}{\rho_1}M_1(y_1)\overline{M_1(y_2)}+\frac{1}{\rho_2}M_2(y_1)\overline{M_2(y_2)}=0$$

意义下是正交的.

2.1.3 Green 函数

本节讨论当 λ 不是特征值时边值问题(2.1.1)～(2.1.4)的 Green 函数. 为此考虑方程

$$(T-\lambda\boldsymbol{I})\boldsymbol{Y}=\boldsymbol{F},\ \boldsymbol{F}=(f(x),f_1,f_2)\in H \tag{2.1.19}$$

由算子 T 的定义，可将算子(2.1.19)转化成由非齐次微分方程

$$\begin{aligned}&-\mathrm{i}[q_0(q_0y')']'-(p_0y')'+\mathrm{i}[q_1y'+(q_1y)']+\\&(p_1-\lambda w)y=fw\end{aligned} \tag{2.1.20}$$

和边界条件

$$\mathcal{L}_1y=(\alpha_1\lambda+\widetilde{\alpha}_1)y(a)-(\alpha_2\lambda+\widetilde{\alpha}_2)y^{[2]}(a)=-f_1 \tag{2.1.21}$$

$$\mathcal{L}_2y=(\beta_1\lambda+\widetilde{\beta}_1)y(b)+(\beta_2\lambda+\widetilde{\beta}_2)y^{[2]}(b)=-f_2 \tag{2.1.22}$$

$$\mathcal{L}_3y=(\mathrm{i}+\sin\theta)y^{[1]}(a)+(1+\mathrm{i}\sin\theta)y^{[1]}(b)=0 \tag{2.1.23}$$

构成的边值问题.

下面取

$$\boldsymbol{\Phi}(x,\lambda)=\begin{pmatrix}\varphi_1(x,\lambda) & \varphi_2(x,\lambda) & \varphi_3(x,\lambda)\\ \varphi_1^{[1]}(x,\lambda) & \varphi_2^{[1]}(x,\lambda) & \varphi_3^{[1]}(x,\lambda)\\ \varphi_1^{[2]}(x,\lambda) & \varphi_2^{[2]}(x,\lambda) & \varphi_3^{[2]}(x,\lambda)\end{pmatrix}$$

其中 $\varphi_1(x,\lambda),\varphi_2(x,\lambda),\varphi_3(x,\lambda)$是齐次微分方程(2.1.1)满足的初始条件

$$\boldsymbol{\Phi}(a,\lambda)=\begin{pmatrix}\varphi_1(a,\lambda) & \varphi_2(a,\lambda) & \varphi_3(a,\lambda)\\ \varphi_1^{[1]}(a,\lambda) & \varphi_2^{[1]}(a,\lambda) & \varphi_3^{[1]}(a,\lambda)\\ \varphi_1^{[2]}(a,\lambda) & \varphi_2^{[2]}(a,\lambda) & \varphi_3^{[2]}(a,\lambda)\end{pmatrix}=\begin{pmatrix}1 & 0 & 0\\ 0 & 1 & 0\\ 0 & 0 & 1\end{pmatrix}$$

的基本解组.由常数变易法可知,非齐次微分方程(2.1.20)的通解可表示为

$$\begin{aligned}y(x,\lambda)=&C_1(x,\lambda)\varphi_1(x,\lambda)+C_2(x,\lambda)\varphi_2(x,\lambda)+\\&C_3(x,\lambda)\varphi_3(x,\lambda),x\in[a,b]\end{aligned}\tag{2.1.24}$$

其中 $C_1(x,\lambda),C_2(x,\lambda),C_3(x,\lambda)$满足下列条件:

$$\begin{cases}C_1'(x,\lambda)\varphi_1(x,\lambda)+C_2'(x,\lambda)\varphi_2(x,\lambda)+\\ \quad C_3'(x,\lambda)\varphi_3(x,\lambda)=0\\ C_1'(x,\lambda)\varphi_1^{[1]}(x,\lambda)+C_2'(x,\lambda)\varphi_2^{[1]}(x,\lambda)+\\ \quad C_3'(x,\lambda)\varphi_3^{[1]}(x,\lambda)=0\\ C_1'(x,\lambda)\varphi_1^{[2]}(x,\lambda)+C_2'(x,\lambda)\varphi_2^{[2]}(x,\lambda)+\\ \quad C_3'(x,\lambda)\varphi_3^{[2]}(x,\lambda)=f(x)w(x)\end{cases}\tag{2.1.25}$$

因为 λ 不是问题的特征值,所以基本解组 $\varphi_1(x,\lambda),\varphi_2(x,\lambda),\varphi_3(x,\lambda)$的 Wronski 行列式

$$\begin{aligned}\omega(\lambda)&=W[\varphi_1(x,\lambda),\varphi_2(x,\lambda),\varphi_3(x,\lambda)]\\&=\begin{vmatrix}\varphi_1(x,\lambda) & \varphi_2(x,\lambda) & \varphi_3(x,\lambda)\\ \varphi_1^{[1]}(x,\lambda) & \varphi_2^{[1]}(x,\lambda) & \varphi_3^{[1]}(x,\lambda)\\ \varphi_1^{[2]}(x,\lambda) & \varphi_2^{[2]}(x,\lambda) & \varphi_3^{[2]}(x,\lambda)\end{vmatrix}\\&=\det\boldsymbol{\Phi}(a,\lambda)\\&\neq 0\end{aligned}$$

因此，方程组(2.1.25)有唯一解

$$\begin{cases}C_1(x,\lambda)=\int_a^x \dfrac{f(t)w(t)}{\omega(\lambda)}(\varphi_2\varphi_3^{[1]}-\varphi_2^{[1]}\varphi_3)(t,\lambda)\mathrm{d}t+C_1\\ C_2(x,\lambda)=\int_a^x \dfrac{f(t)w(t)}{\omega(\lambda)}(\varphi_3\varphi_1^{[1]}-\varphi_3^{[1]}\varphi_1)(t,\lambda)\mathrm{d}t+C_2\\ C_3(x,\lambda)=\int_a^x \dfrac{f(t)w(t)}{\omega(\lambda)}(\varphi_1\varphi_2^{[1]}-\varphi_1^{[1]}\varphi_2)(t,\lambda)\mathrm{d}t+C_3\end{cases} \tag{2.1.26}$$

其中 C_1,C_2,C_3 为任意常数. 将 $C_1(x,\lambda),C_2(x,\lambda),C_3(x,\lambda)$ 代入方程(2.1.25)，可得非齐次微分方程(2.1.20)的通解

$$\begin{aligned}y(x,\lambda)=&\int_a^b K(x,t,\lambda)f(t)w(t)\mathrm{d}t+C_1\varphi_1(x,\lambda)+\\ &C_2\varphi_2(x,\lambda)+C_3\varphi_3(x,\lambda),x\in[a,b]\end{aligned} \tag{2.1.27}$$

其中

$$K(x,t,\lambda)=\begin{cases}\dfrac{S(x,t,\lambda)}{\omega(\lambda)}, & a\leqslant t\leqslant x\leqslant b,\\ 0, & a\leqslant x\leqslant t\leqslant b\end{cases} \tag{2.1.28}$$

$$S(x,t,\lambda)=\begin{vmatrix}\varphi_1(t,\lambda) & \varphi_2(t,\lambda) & \varphi_3(t,\lambda)\\ \varphi_1^{[1]}(t,\lambda) & \varphi_2^{[1]}(t,\lambda) & \varphi_3^{[1]}(t,\lambda)\\ \varphi_1(x,\lambda) & \varphi_2(x,\lambda) & \varphi_3(x,\lambda)\end{vmatrix} \tag{2.1.29}$$

将通解 $y=y(x,\lambda)$ 代入边界条件(2.1.21)～(2.1.23)，得

$$\begin{aligned}&C_1\mathcal{L}_1[\varphi_1(x,\lambda)]+C_2\mathcal{L}_1[\varphi_2(x,\lambda)]+C_3\mathcal{L}_1[\varphi_3(x,\lambda)]\\ =&-\int_a^b f(t)w(t)\mathcal{L}_1[K(x,t,\lambda)]\mathrm{d}t-f_1\end{aligned} \tag{2.1.30}$$

$$\begin{aligned}&C_1\mathcal{L}_2[\varphi_1(x,\lambda)]+C_2\mathcal{L}_2[\varphi_2(x,\lambda)]+C_3\mathcal{L}_2[\varphi_3(x,\lambda)]\\ =&-\int_a^b f(t)w(t)\mathcal{L}_2[K(x,t,\lambda)]\mathrm{d}t-f_2\end{aligned} \tag{2.1.31}$$

$$\begin{aligned}&C_1\mathcal{L}_3[\varphi_1(x,\lambda)]+C_2\mathcal{L}_3[\varphi_2(x,\lambda)]+C_3\mathcal{L}_3[\varphi_3(x,\lambda)]\\ =&-\int_a^b f(t)w(t)\mathcal{L}_3[K(x,t,\lambda)]\mathrm{d}t\end{aligned} \tag{2.1.32}$$

C_1, C_2, C_3 的系数行列式满足

$$\begin{vmatrix} \mathcal{L}_1[\varphi_1(x,\lambda)] & \mathcal{L}_1[\varphi_2(x,\lambda)] & \mathcal{L}_1[\varphi_3(x,\lambda)] \\ \mathcal{L}_2[\varphi_1(x,\lambda)] & \mathcal{L}_2[\varphi_2(x,\lambda)] & \mathcal{L}_2[\varphi_3(x,\lambda)] \\ \mathcal{L}_3[\varphi_1(x,\lambda)] & \mathcal{L}_3[\varphi_2(x,\lambda)] & \mathcal{L}_3[\varphi_3(x,\lambda)] \end{vmatrix}$$

$$=\det(\boldsymbol{A}_\lambda+\boldsymbol{B}_\lambda\boldsymbol{\Phi}(b,\lambda))$$

$$=\Delta(\lambda)\neq 0,$$

其中

$$\boldsymbol{A}_\lambda=\begin{pmatrix} \alpha_1\lambda+\tilde{\alpha}_1 & 0 & -(\alpha_2\lambda+\tilde{\alpha}_2) \\ 0 & 0 & 0 \\ 0 & \mathrm{i}+\sin\theta & 0 \end{pmatrix} \tag{2.1.33}$$

$$\boldsymbol{B}_\lambda=\begin{pmatrix} 0 & 0 & 0 \\ \beta_1\lambda+\tilde{\beta}_1 & 0 & \beta_2\lambda+\tilde{\beta}_2 \\ 0 & 1+\mathrm{i}\sin\theta & 0 \end{pmatrix} \tag{2.1.34}$$

因此，C_1, C_2, C_3 存在唯一解：

$$\begin{cases} C_1=\dfrac{\Gamma_1(\lambda)+\Theta_1(\lambda)}{\Delta(\lambda)} \\ C_2=\dfrac{\Gamma_2(\lambda)+\Theta_2(\lambda)}{\Delta(\lambda)} \\ C_3=\dfrac{\Gamma_3(\lambda)+\Theta_3(\lambda)}{\Delta(\lambda)} \end{cases} \tag{2.1.35}$$

其中

$$\Gamma_1(\lambda)=\begin{vmatrix} -\int_a^b f(t)w(t)\mathcal{L}_1[K(x,t,\lambda)]\mathrm{d}t & \mathcal{L}_1[\varphi_2(x,\lambda)] & \mathcal{L}_1[\varphi_3(x,\lambda)] \\ -\int_a^b f(t)w(t)\mathcal{L}_2[K(x,t,\lambda)]\mathrm{d}t & \mathcal{L}_2[\varphi_2(x,\lambda)] & \mathcal{L}_2[\varphi_3(x,\lambda)] \\ -\int_a^b f(t)w(t)\mathcal{L}_3[K(x,t,\lambda)]\mathrm{d}t & \mathcal{L}_3[\varphi_2(x,\lambda)] & \mathcal{L}_3[\varphi_3(x,\lambda)] \end{vmatrix}$$

$$\Theta_1(\lambda)=\begin{vmatrix} -f_1 & \mathcal{L}_1[\varphi_2(x,\lambda)] & \mathcal{L}_1[\varphi_3(x,\lambda)] \\ -f_2 & \mathcal{L}_2[\varphi_2(x,\lambda)] & \mathcal{L}_2[\varphi_3(x,\lambda)] \\ 0 & \mathcal{L}_3[\varphi_2(x,\lambda)] & \mathcal{L}_3[\varphi_3(x,\lambda)] \end{vmatrix}$$

类似可得 $\Gamma_2(\lambda)$,$\Gamma_3(\lambda)$和 $\Theta_2(\lambda)$,$\Theta_3(\lambda)$. 将 C_1,C_2,C_3代入方程(2.1.20)的通解,得

$$\begin{aligned} y(x,\lambda)=&\int_a^b K(x,t,\lambda)f(t)w(t)\mathrm{d}t+ \\ &\frac{1}{\Delta(\lambda)}[\Gamma_1(\lambda)\varphi_1(x,\lambda)+ \\ &\Gamma_2(\lambda)\varphi_2(x,\lambda)+\Gamma_3(\lambda)\varphi_3(x,\lambda)]+ \\ &\frac{1}{\Delta(\lambda)}[\Theta_1(\lambda)\varphi_1(x,\lambda)+ \\ &\Theta_2(\lambda)\varphi_2(x,\lambda)+\Theta_3(\lambda)\varphi_3(x,\lambda)] \end{aligned} \tag{2.1.36}$$

整理得

$$y(x,\lambda)=\int_a^b G(x,t,\lambda)f(t)w(t)\mathrm{d}t+\frac{1}{\Delta(\lambda)}\Theta(x,\lambda) \tag{2.1.37}$$

其中

$$G(x,t,\lambda)=K(x,t,\lambda)-\frac{1}{\Delta(\lambda)}\widetilde{K}(x,t,\lambda) \tag{2.1.38}$$

$$\widetilde{K}(x,t,\lambda)=\begin{vmatrix} \mathcal{L}_1[\varphi_1(x,\lambda)] & \mathcal{L}_1[\varphi_2(x,\lambda)] & \mathcal{L}_1[\varphi_3(x,\lambda)] & \mathcal{L}_1(K(x,t,\lambda)) \\ \mathcal{L}_2[\varphi_1(x,\lambda)] & \mathcal{L}_2[\varphi_2(x,\lambda)] & \mathcal{L}_2[\varphi_3(x,\lambda)] & \mathcal{L}_2(K(x,t,\lambda)) \\ \mathcal{L}_3[\varphi_1(x,\lambda)] & \mathcal{L}_3[\varphi_2(x,\lambda)] & \mathcal{L}_3[\varphi_3(x,\lambda)] & \mathcal{L}_3(K(x,t,\lambda)) \\ \varphi_1(x,\lambda) & \varphi_2(x,\lambda) & \varphi_3(x,\lambda) & 0 \end{vmatrix} \tag{2.1.39}$$

$$\Theta(x,\lambda)=\begin{vmatrix} \mathcal{L}_1[\varphi_1(x,\lambda)] & \mathcal{L}_1[\varphi_2(x,\lambda)] & \mathcal{L}_1[\varphi_3(x,\lambda)] & -f_1 \\ \mathcal{L}_2[\varphi_1(x,\lambda)] & \mathcal{L}_2[\varphi_2(x,\lambda)] & \mathcal{L}_2[\varphi_3(x,\lambda)] & -f_2 \\ \mathcal{L}_3[\varphi_1(x,\lambda)] & \mathcal{L}_3[\varphi_2(x,\lambda)] & \mathcal{L}_3[\varphi_3(x,\lambda)] & 0 \\ \varphi_1(x,\lambda) & \varphi_2(x,\lambda) & \varphi_3(x,\lambda) & 0 \end{vmatrix} \tag{2.1.40}$$

综上可得,对任意的 $\boldsymbol{F}=(f(x),f_1,f_2)\in H$,存在唯一的 $\boldsymbol{Y}=$

$(y(x), M_1(y), M_2(y)) \in D(T)$，使 $(T-\lambda \boldsymbol{I})\boldsymbol{Y}=\boldsymbol{F}$.

由算子 T 的定义域 $D(T)$ 的定义可知，$\boldsymbol{Y}=(y(x), y_1, y_2) \in D(T)$ 的其他分量完全由第一个分量所确定，也就是说，求解 $\boldsymbol{Y}$ 的本质是求其第一个分量 $y(x)$，而 $y(x)$ 由式(2.1.37)决定.

定义 2.1.1　称式(2.1.38)中的积分核 $G(x,t,\lambda)$ 为微分算子 T 的 Green 函数.

注 2.1.1　与一般的边值问题不同，边界条件中带有谱参数的边值问题的解 $y(x)$ 是由 $\int_a^b G(x,t,\lambda)f(t)w(t)\mathrm{d}t$ 和 $\frac{1}{\Delta(\lambda)}\Theta(x,\lambda)$ 共同确定的.

定理 2.1.3　如果 λ 不是对称算子 T 的特征值，则对任意的 $\boldsymbol{F}=(f(x), f_1, f_2) \in H$，方程 $(T-\lambda \boldsymbol{I})\boldsymbol{Y}=\boldsymbol{F}$ 具有唯一解 $\boldsymbol{Y}=(y(x), M_1(y), M_2(y))$，且

$$y(x,\lambda)=\int_a^b G(x,t,\lambda)f(t)w(t)\mathrm{d}t+\frac{1}{\Delta(\lambda)}\Theta(x,\lambda)$$

定理 2.1.4　算子 T 只有点谱，即 $\sigma(T)=\sigma_p(T)$.

证明　要得到定理结论，只需证明，如果 λ 不是算子 T 的特征值，则 λ 就是算子 T 的正则点，即 $\lambda \in \rho(T)$. 因为算子 T 是自伴的，因此只需考虑 λ 是实数情形.

下面考虑 $(T-\lambda \boldsymbol{I})\boldsymbol{Y}=\boldsymbol{F}$，其中 $\boldsymbol{F}=(f(x), f_1, f_2) \in H$，$\lambda \in \mathbb{R}$. 由算子 T 的定义，可将问题分成非齐次微分方程

$$\ell(y)-\lambda w y=f w,\ x \in [a,b] \tag{2.1.41}$$

和方程组

$$\begin{cases} N_1(y)-\lambda M_1(y)=f_1 \\ N_2(y)-\lambda M_2(y)=f_2 \\ (\mathrm{i}+\sin\theta)y^{[1]}(a)+(1+\mathrm{i}\sin\theta)y^{[1]}(b)=0 \end{cases} \tag{2.1.42}$$

两个部分.

设 $\psi(x)$ 是非齐次微分方程(2.1.20)的特解，则由 $\varphi_1(x,\lambda)$，$\varphi_2(x,\lambda)$，$\varphi_3(x,\lambda)$ 的定义可知其通解为

$$y(x,\lambda)=C_1\varphi_1(x,\lambda)+C_2\varphi_2(x,\lambda)+C_3\varphi_3(x,\lambda)+\psi(x) \tag{2.1.43}$$

其中 C_1,C_2,C_3 为任意常数.

将式(2.1.43)代入方程组(2.1.42)可得

$$\begin{aligned}&[(\alpha_1\lambda+\tilde{\alpha}_1)\varphi_1(a)-(\alpha_2\lambda+\tilde{\alpha}_2)\varphi_2^{[2]}(a)]C_1+\\&[(\alpha_1\lambda+\tilde{\alpha}_1)\varphi_2(a)-(\alpha_2\lambda+\tilde{\alpha}_2)\varphi_2^{[2]}(a)]C_2+\\&[(\alpha_1\lambda+\tilde{\alpha}_1)\varphi_3(a)-(\alpha_2\lambda+\tilde{\alpha}_2)\varphi_3^{[2]}(a)]C_3\\=&-f_1-(\alpha_1\lambda+\tilde{\alpha}_1)\psi(a)+(\alpha_2\lambda+\tilde{\alpha}_2)\psi^{[2]}(a)\end{aligned}$$

$$\begin{aligned}&[(\beta_1\lambda+\tilde{\beta}_1)\varphi_1(b,\lambda)+(\beta_2\lambda+\tilde{\beta}_2)\varphi_1^{[2]}(b,\lambda)]C_1+\\&[(\beta_1\lambda+\tilde{\beta}_1)\varphi_2(b,\lambda)+(\beta_2\lambda+\tilde{\beta}_2)\varphi_2^{[2]}(b,\lambda)]C_2+\\&[(\beta_1\lambda+\tilde{\beta}_1)\varphi_3(b,\lambda)+(\beta_2\lambda+\tilde{\beta}_2)\varphi_3^{[2]}(b,\lambda)]C_3\\=&-f_2-(\beta_1\lambda+\tilde{\beta}_1)\psi(a)+(\beta_2\lambda+\tilde{\beta}_2)\psi^{[2]}(a)\end{aligned}$$

$$\begin{aligned}&[(\mathrm{i}+\sin\theta)\varphi_1^{[1]}(a,\lambda)+(1+\mathrm{i}\sin\theta)\varphi_1^{[1]}(b,\lambda)]C_1+\\&[(\mathrm{i}+\sin\theta)\varphi_2^{[1]}(a,\lambda)+(1+\mathrm{i}\sin\theta)\varphi_2^{[1]}(b,\lambda)]C_2+\\&[(\mathrm{i}+\sin\theta)\varphi_3^{[1]}(a,\lambda)+(1+\mathrm{i}\sin\theta)\varphi_3^{[1]}(b,\lambda)]C_3\\=&-[(\mathrm{i}+\sin\theta)\psi^{[1]}(a)+(1+\mathrm{i}\sin\theta)\psi^{[1]}(b)]\end{aligned}$$

由 $\boldsymbol{\Phi}(a,\lambda)$，上面的方程组可写成下面的形式：

$$[\boldsymbol{A}_\lambda+\boldsymbol{B}_\lambda\boldsymbol{\Phi}(b,\lambda)]\begin{pmatrix}C_1\\C_2\\C_3\end{pmatrix}=\begin{pmatrix}-f_1\\-f_2\\0\end{pmatrix}-\boldsymbol{A}_\lambda\begin{pmatrix}\psi(a)\\\psi^{[1]}(a)\\\psi^{[2]}(a)\end{pmatrix}-\boldsymbol{B}_\lambda\begin{pmatrix}\psi(b)\\\psi^{[1]}(b)\\\psi^{[2]}(b)\end{pmatrix}$$

由上式可知，以 C_1,C_2,C_3 为变量的方程组的系数行列式为 $\det[\boldsymbol{A}_\lambda+\boldsymbol{B}_\lambda\boldsymbol{\Phi}(b,\lambda)]$. 因为 λ 不是算子 T 的特征值，所以 $\det[\boldsymbol{A}_\lambda+\boldsymbol{B}_\lambda\boldsymbol{\Phi}(b,\lambda)]\neq 0$，故方程组存在唯一解. 因此，微分方程(2.1.41)的通解(2.1.43)是唯一确定的.

由上面的讨论可知，算子$(T-\lambda \boldsymbol{I})^{-1}$定义在全空间 H 上. 然而，算子 T 是对称的，因此由闭图像定理可得，算子$(T-\lambda \boldsymbol{I})^{-1}$是有界的. 所以，$\lambda \in \rho(T)$，即 $\sigma(T)=\sigma_p(T)$.

2.2　三阶微分算子的特征值关于问题的依赖性

本节继续研究上一节中的边值问题，主要讨论三阶微分算子 T 的特征值关于问题的依赖性. 利用具有孤立零点的解析函数的连续性定理，刻画了特征值关于问题的部分参数的连续依赖性，特别是关于边界条件系数矩阵的连续依赖性，并且给出了特征值关于这些参数的微分表达式. 特征值关于问题参数的依赖性在微分算子理论中具有重要意义，它不仅为特征值的数值计算提供了理论支撑，而且特征值关于参数的单调性也可以从特征值关于给定参数的导数中得到.

2.2.1　预备知识

为了讨论方便，本节将边值问题(2.1.1)～(2.1.4)改写成由微分方程

$$\begin{aligned}&-\mathrm{i}[q_0(q_0y')']'-(p_0y')'+\\&\mathrm{i}[q_1y'+(q_1y)']+p_1y=\lambda wy,x\in[a,b]\end{aligned}\tag{2.2.1}$$

和边界条件

$$\boldsymbol{A}_\lambda \boldsymbol{Y}(a)+\boldsymbol{B}_\lambda \boldsymbol{Y}(b)=\boldsymbol{0}\tag{2.2.2}$$

构成的边值问题，其中 λ 为谱参数，方程的系数函数 q_0,q_1,p_0,p_1 和权函数 w 分别满足如下条件

$$q_0^{-1},q_0^{-2},p_0,q_1,p_1,w\in L^1([a,b],\mathbb{R}),q_0>0,w>0$$

边界条件系数矩阵为

$$\boldsymbol{A}_\lambda=\begin{pmatrix}\alpha_1\lambda+\tilde{\alpha}_1 & 0 & -(\alpha_2\lambda+\tilde{\alpha}_2)\\ 0 & 0 & 0\\ 0 & \mathrm{i}+\sin\theta & 0\end{pmatrix}$$

$$\boldsymbol{B}_{\lambda}=\begin{pmatrix}0 & 0 & 0\\ \beta_1\lambda+\widetilde{\beta}_1 & 0 & \beta_2\lambda+\widetilde{\beta}_2\\ 0 & 1+\mathrm{i}\sin\theta & 0\end{pmatrix}$$

边界条件参数 $\alpha_k,\widetilde{\alpha}_k,\beta_k,\widetilde{\beta}_k(k=1,2)$是任意实数，并且满足

$$\rho_1=\widetilde{\alpha}_1\alpha_2-\alpha_1\widetilde{\alpha}_2>0,\rho_2=\widetilde{\beta}_1\beta_2-\beta_1\widetilde{\beta}_2>0$$

向量

$$\boldsymbol{Y}=(y^{[0]},y^{[1]},y^{[2]})^{\mathrm{T}}$$

由上节内容可知，边值问题(2.2.1)～(2.2.2)的特征值与算子 T 的特征值一致．因此，除特殊说明，本节继续沿用上一节的符号和相关结论．

2.2.2 特征值关于问题的连续依赖

本节主要讨论特征值关于微分方程的部分系数、权函数和边界条件参数 $p_0,p_1,w,\alpha_1,\alpha_2,\beta_1,\beta_2,\widetilde{\alpha}_1,\widetilde{\alpha}_2,\widetilde{\beta}_1,\widetilde{\beta}_2,\theta$ 的连续依赖性．

下面考虑 Banach 空间

$$\hat{H}=L^1[a,b]\oplus L^1[a,b]\oplus L^1[a,b]\oplus\mathbb{R}^9$$

记

$$\boldsymbol{\Delta}_1=(\alpha_1,\alpha_2,\widetilde{\alpha}_1,\widetilde{\alpha}_2)$$

$$\boldsymbol{\Delta}_2=(\beta_1,\beta_2,\widetilde{\beta}_1,\widetilde{\beta}_2)$$

$$\Omega=\{\boldsymbol{W}=(p_0,p_1,w,\boldsymbol{\Delta}_1,\boldsymbol{\Delta}_2,\theta)\}$$

对任意的 $\boldsymbol{W}=(p_0,p_1,w,\boldsymbol{\Delta}_1,\boldsymbol{\Delta}_2,\theta)\in\Omega\subset\hat{H}$，在空间 $\hat{H}$ 上的范数定义为

$$\|\boldsymbol{W}\|=\int_a^b(|p_0|+|p_1|+|w|)\mathrm{d}x+|\boldsymbol{\Delta}_1|+|\boldsymbol{\Delta}_2|+|\theta|$$

其中

$$|\boldsymbol{\Delta}_1|=|\alpha_1|+|\alpha_2|+|\widetilde{\alpha}_1|+|\widetilde{\alpha}_2|$$

$$|\boldsymbol{\Delta}_2|=|\beta_1|+|\beta_2|+|\widetilde{\beta}_1|+|\widetilde{\beta}_2|$$

设 $\varphi_1(x,\lambda),\varphi_2(x,\lambda),\varphi_3(x,\lambda)$是微分方程(2.2.1)满足初始条件

$$\begin{pmatrix} \varphi_1(a,\lambda) & \varphi_2(a,\lambda) & \varphi_3(a,\lambda) \\ \varphi_1^{[1]}(a,\lambda) & \varphi_2^{[1]}(a,\lambda) & \varphi_3^{[1]}(a,\lambda) \\ \varphi_1^{[2]}(a,\lambda) & \varphi_2^{[2]}(a,\lambda) & \varphi_3^{[2]}(a,\lambda) \end{pmatrix} = \begin{pmatrix} 1 & 0 & 0 \\ 0 & 1 & 0 \\ 0 & 0 & 1 \end{pmatrix} \tag{2.2.3}$$

的线性无关的基本解组.取

$$\boldsymbol{\Phi}(x,\lambda)=\begin{pmatrix} \varphi_1(x,\lambda) & \varphi_2(x,\lambda) & \varphi_3(x,\lambda) \\ \varphi_1^{[1]}(x,\lambda) & \varphi_2^{[1]}(x,\lambda) & \varphi_3^{[1]}(x,\lambda) \\ \varphi_1^{[2]}(x,\lambda) & \varphi_2^{[2]}(x,\lambda) & \varphi_3^{[2]}(x,\lambda) \end{pmatrix}$$

列向量记为

$$\boldsymbol{\Phi}_j(x,\lambda)=\begin{pmatrix} \varphi_j(x,\lambda) \\ \varphi_j^{[1]}(x,\lambda) \\ \varphi_j^{[2]}(x,\lambda) \end{pmatrix}(j=1,2,3)$$

引理 2.2.1　复数 λ 是微分算子 T(包括边值问题(2.2.1)～(2.2.2))的特征值当且仅当

$$\Delta(\lambda)=\det[\boldsymbol{A}_\lambda+\boldsymbol{B}_\lambda\boldsymbol{\Phi}(b,\lambda)]=0$$

成立.

证明　设

$$y(x,\lambda)=c_1\varphi_1(x,\lambda)+c_2\varphi_2(x,\lambda)+c_3\varphi_3(x,\lambda)$$

其中 $c_k\in\mathbb{C}(k=1,2,3)$,则 λ 是算子 T 的特征值当且仅当存在$(c_1,c_2,c_3)\neq 0$,使得 $y(x,\lambda)$满足边值问题(2.2.1)～(2.2.2).由边界条件(2.2.2),可得

$$A[c_1\Phi_1(a)+c_2\Phi_2(a)+c_3\Phi_3(a)]+B[c_1\Phi_1(b)+c_2\Phi_2(b)+c_3\Phi_3(b)]=0$$

由初始条件(2.2.3),可得

$$[\boldsymbol{A}_\lambda+\boldsymbol{B}_\lambda\boldsymbol{\Phi}(b,\lambda)]\begin{pmatrix} c_1 \\ c_2 \\ c_3 \end{pmatrix}=\boldsymbol{0}$$

因此,结论成立.

引理 2.2.2 设 $\zeta\in[a,b]$，$y=y(\cdot,\zeta,c_0,c_1,c_2,p_0,p_1,w)$ 是微分方程(2.2.1)满足条件

$$y(\zeta,\lambda)=c_0,y^{[1]}(\zeta,\lambda)=c_1,y^{[2]}(\zeta,\lambda)=c_2$$

的解，则该解对其所有的变量都连续.

证明 将微分方程(2.2.1)转换成一阶系统，再由解的存在唯一性和文献[120]中定理 2.7 可得结论.

定理 2.2.1 设 $\lambda=\lambda(\boldsymbol{W})$ 是算子 T 的特征值，$\boldsymbol{W}_0=(p_{00},p_{01},w_0,\Delta_{01},\Delta_{02},\beta_0)\in\Omega$，则特征值 $\lambda=\lambda(\boldsymbol{W})$ 在 $\boldsymbol{W}_0$ 处连续. 即，对任意的 $\varepsilon>0$，存在 $\delta>0$，使对任意的 $\boldsymbol{W}=(p_0,p_1,w,\boldsymbol{\Delta}_1,\boldsymbol{\Delta}_2,\theta)\in\Omega$，当

$$\begin{aligned}\|\boldsymbol{W}-\boldsymbol{W}_0\|=&\int_a^b(|p_0-p_{00}|+|p_1-p_{01}|+|w-w_0|)\mathrm{d}x+\\&|\alpha_1-\alpha_{01}|+|\alpha_2-\alpha_{02}|+|\widetilde{\alpha}_1-\widetilde{\alpha}_{01}|+|\widetilde{\alpha}_2-\widetilde{\alpha}_{02}|+\\&|\beta_1-\beta_{01}|+|\beta_2-\beta_{02}|+|\widetilde{\beta}_1-\widetilde{\beta}_{01}|+|\widetilde{\beta}_2-\widetilde{\beta}_{02}|+\\&|\theta-\theta_0|\\<&\delta\end{aligned}$$

时，存在特征值 $\lambda(\boldsymbol{W})$，使不等式

$$\|\lambda(\boldsymbol{W}_0)-\lambda(\boldsymbol{W})\|<\varepsilon$$

成立.

证明 由引理 2.2.1 可知，对任意的 $\boldsymbol{W}\in\Omega$，$\lambda=\lambda(\boldsymbol{W})$ 是算子 T 的特征值当且仅当 $\Delta(\boldsymbol{W},\lambda)=0$. 由解关于问题的连续依赖性可知，$\Delta(\boldsymbol{W},\lambda)$ 是关于 λ 的整函数，并且关于 $\boldsymbol{W}\in\Omega$ 连续[124]. 因为 $\lambda_0=\lambda(\boldsymbol{W}_0)$ 是孤立的特征值，所以 $\Delta(\boldsymbol{W},\lambda)$ 关于参数 λ 不恒为常数，因此存在 λ_0 的去心邻域 $\mathbb{N}$，当 $\lambda\in\mathbb{N}$ 时，有 $\Delta(\boldsymbol{W}_0,\lambda)\neq0$. 由方程根作为参数函数的连续性定理[53]，可得定理结论.

注 2.2.1 定理 2.2.1 表明，对任意确定的特征值 λ_0，一定存在一个连续的特征值分支 $\lambda=\lambda(\boldsymbol{W})$，使 $\lambda_0=\lambda(\boldsymbol{W}_0)$. 但需要注意的是，对任一固定的 n，由问题的第 n 个特征值 $\lambda_n(\boldsymbol{W})$ 构成的特征值分支关于 $\boldsymbol{W}$ 不一定连续(见文献[122]中注解 3.1).

定义 2.2.1　设 $y(x,\lambda)\in H_w$ 是边值问题(2.2.1)～(2.2.2)的解，$y_1=\alpha_1 y(a)-\alpha_2 y^{[2]}(a)$，$y_2=\beta_1 y(b)-\beta_2 y^{[2]}(b)$. 若算子 T 的特征函数 $\boldsymbol{Y}=(y(x),y_1,y_2)\in H$ 满足

$$\begin{aligned}\|\boldsymbol{Y}\|^2&=\langle(y(x),y_1,y_2),(y(x),y_1,y_2)\rangle\\&=\int_a^b |y(x)|^2 w\mathrm{d}x+\frac{1}{\rho_1}|y_1|^2+\frac{1}{\rho_2}|y_2|^2=1\end{aligned}$$

则称 $\boldsymbol{Y}$ 为算子 T 的规范化的特征函数.

定理 2.2.2　设 $\lambda(\boldsymbol{W})(\boldsymbol{W}\in\Omega)$是 Ω 内 $\boldsymbol{W}_0$ 的某个邻域内所有 $\boldsymbol{W}$ 的 $n(n=1,2,3)$重特征值，$k=1,2,\cdots,n$. 若

$$\boldsymbol{Y}_k(\boldsymbol{W}_0)=(y_k(x,\boldsymbol{W}_0),y_{k1}(\boldsymbol{W}_0),y_{k2}(\boldsymbol{W}_0))\in H$$

是算子 T 对应于 n 重特征值 $\lambda(\boldsymbol{W}_0)(\boldsymbol{W}_0\in\Omega)$的线性无关的规范化的特征函数，则存在 n 个对应于特征值 $\lambda(\boldsymbol{W})$的线性无关的规范化特征函数

$$\boldsymbol{Y}_k(\boldsymbol{W})=(y_k(x,\boldsymbol{W}),y_{k1}(\boldsymbol{W}),y_{k2}(\boldsymbol{W}))\in H$$

使得当 $\boldsymbol{W}\to\boldsymbol{W}_0$ 时

$$\begin{aligned}&y_k(x,\boldsymbol{W})\to y_k(x,\boldsymbol{W}_0)\\&y_k^{[1]}(x,\boldsymbol{W})\to y_k^{[1]}(x,\boldsymbol{W}_0)\\&y_k^{[2]}(x,\boldsymbol{W})\to y_k^{[2]}(x,\boldsymbol{W}_0)\\&y_{k1}(\boldsymbol{W})\to y_{k1}(\boldsymbol{W}_0)\\&y_{k2}(\boldsymbol{W})\to y_{k2}(\boldsymbol{W}_0)\end{aligned}\tag{2.2.4}$$

在$[a,b]$上一致成立.

证明　定理分两步证明.

(1)设 $\lambda(\boldsymbol{W}_0)$是算子 T 的单重特征值，

$$\boldsymbol{U}(\boldsymbol{W}_0)=(u(x,\boldsymbol{W}_0),u_1(\boldsymbol{W}_0),u_2(\boldsymbol{W}_0))\in H$$

是其对应的特征函数，且满足

$$\|u(x,\boldsymbol{W}_0)\|^2=\int_a^b |u(x,\boldsymbol{W}_0)|^2\mathrm{d}x=1$$

则由定理 2.2.1 知，存在 $\lambda(\boldsymbol{W})$，使当 $\boldsymbol{W}\to\boldsymbol{W}_0$ 时

$$\lambda(\boldsymbol{W})\to\lambda(\boldsymbol{W}_0)$$

成立.

令边界矩阵为

$$(\boldsymbol{A}_\lambda,\boldsymbol{B}_\lambda)_{3\times 6}(\boldsymbol{W})=(\boldsymbol{A}_\lambda(\boldsymbol{W}),\boldsymbol{B}_\lambda(\boldsymbol{W}))_{3\times 6}$$

其中

$$\boldsymbol{A}_\lambda(\boldsymbol{W})=\begin{pmatrix}\alpha_1\lambda(\boldsymbol{W})+\widetilde{\alpha}_1 & 0 & -(\alpha_2\lambda(\boldsymbol{W})+\widetilde{\alpha}_2)\\ 0 & 0 & 0\\ 0 & \mathrm{i}+\sin\theta & 0\end{pmatrix}$$

$$\boldsymbol{B}_\lambda(\boldsymbol{W})=\begin{pmatrix}0 & 0 & 0\\ \beta_1\lambda(\boldsymbol{W})+\widetilde{\beta}_1 & 0 & -(\beta_2\lambda(\boldsymbol{W})+\widetilde{\beta}_2)\\ 0 & 1+\mathrm{i}\sin\theta & 0\end{pmatrix}$$

则当 $\boldsymbol{W}\to\boldsymbol{W}_0$ 时

$$(\boldsymbol{A}_\lambda,\boldsymbol{B}_\lambda)(\boldsymbol{W})\to(\boldsymbol{A}_\lambda,\boldsymbol{B}_\lambda)(\boldsymbol{W}_0)$$

由文献[122]中的定理 3.2 可知，当 $\boldsymbol{W}\to\boldsymbol{W}_0$ 时，存在特征值 $\lambda(\boldsymbol{W})$ 对应的特征函数

$$\boldsymbol{U}(\boldsymbol{W})=(u(x,\boldsymbol{W}),u_1(\boldsymbol{W}),u_2(\boldsymbol{W}))\in H$$

使其第一个分量 $u(x,\boldsymbol{W})$ 在区间$[a,b]$上满足

$$\| u(x,\boldsymbol{W})\|^2=\int_a^b |u(x,\boldsymbol{W})|^2 w\mathrm{d}x=1$$

$$\begin{aligned}&u(x,\boldsymbol{W})\to u(x,\boldsymbol{W}_0)\\&u^{[1]}(x,\boldsymbol{W})\to u^{[1]}(x,\boldsymbol{W}_0)\\&u^{[2]}(x,\boldsymbol{W})\to u^{[2]}(x,\boldsymbol{W}_0)\end{aligned}\qquad(2.2.5)$$

所以，由式(2.1.10)和式(2.1.12)可得，当 $\boldsymbol{W}\to\boldsymbol{W}_0$ 时

$$\begin{aligned}&u_1(\boldsymbol{W})\to u_1(\boldsymbol{W}_0)\\&u_2(\boldsymbol{W})\to u_2(\boldsymbol{W}_0)\end{aligned}\qquad(2.2.6)$$

因此，

$$\boldsymbol{U}(\boldsymbol{W})\to\boldsymbol{U}(\boldsymbol{W}_0)$$

在$[a,b]$上一致成立.

下面令

$$\boldsymbol{Y}(\boldsymbol{W}_0)=(y(x,\boldsymbol{W}_0),y_1(\boldsymbol{W}_0),y_2(\boldsymbol{W}_0))$$
$$=\frac{(u(x,\boldsymbol{W}_0),u_1(\boldsymbol{W}_0),u_2(\boldsymbol{W}_0))}{\|(u(x,\boldsymbol{W}_0),u_1(\boldsymbol{W}_0),u_2(\boldsymbol{W}_0))\|}$$

$$\boldsymbol{Y}(\boldsymbol{W})=(y(x,\boldsymbol{W}),y_1(\boldsymbol{W}),y_2(\boldsymbol{W}))$$
$$=\frac{(u(x,\boldsymbol{W}),u_1(\boldsymbol{W}),u_2(\boldsymbol{W}))}{\|(u(x,\boldsymbol{W}),u_1(\boldsymbol{W}),u_2(\boldsymbol{W}))\|}$$

$$y^{[1]}(x,\boldsymbol{W}_0)=\frac{u^{[1]}(x,\boldsymbol{W}_0)}{\|(u(x,\boldsymbol{W}_0),u_1(\boldsymbol{W}_0),u_2(\boldsymbol{W}_0))\|}$$

$$y^{[1]}(x,\boldsymbol{W})=\frac{u^{[1]}(x,\boldsymbol{W})}{\|(u(x,\boldsymbol{W}),u_1(\boldsymbol{W}),u_2(\boldsymbol{W}))\|}$$

$$y^{[2]}(x,\boldsymbol{W}_0)=\frac{u^{[2]}(x,\boldsymbol{W}_0)}{\|(u(x,\boldsymbol{W}_0),u_1(\boldsymbol{W}_0),u_2(\boldsymbol{W}_0))\|}$$

$$y^{[2]}(x,\boldsymbol{W})=\frac{u^{[2]}(x,\boldsymbol{W})}{\|(u(x,\boldsymbol{W}),u_1(\boldsymbol{W}),u_2(\boldsymbol{W}))\|}$$

由式(2.2.5)和式(2.2.6)知,结论成立.

(2)设特征值 $\lambda(\boldsymbol{W})$关于 $\boldsymbol{W}_0\in\Omega$ 的某一邻域$\mathcal{M}\subset\Omega$ 内所有 $\boldsymbol{W}$ 的重数均为 $n(n=2,3)$. 由定理 2.2.1 和文献[123]中定理 3.5 可知,当 $\boldsymbol{W}\to\boldsymbol{W}_0$ 时,存在 n 个线性无关的特征函数

$$\boldsymbol{U}_k(\boldsymbol{W})=(u_k(x,\boldsymbol{W}),u_{k1}(\boldsymbol{W}),u_{k2}(\boldsymbol{W}))\in H,k=1,2,\cdots,n$$

使其第一个分量 $u_k(x,\boldsymbol{W})$在区间$[a,b]$上满足

$$\begin{aligned}&\|u_k(x,\boldsymbol{W})\|^2=\int_a^b|u_k(x,\boldsymbol{W})|^2w\mathrm{d}x=1\\&u_k(x,\boldsymbol{W})\to u_k(x,\boldsymbol{W}_0)\\&u_k^{[1]}(x,\boldsymbol{W})\to u_k^{[1]}(x,\boldsymbol{W}_0)\\&u_k^{[2]}(x,\boldsymbol{W})\to u_k^{[2]}(x,\boldsymbol{W}_0),k=1,2,\cdots,n\end{aligned}\tag{2.2.7}$$

通过类似上面的讨论可得定理结论.

2.2.3 特征值的导数

本节给出边值问题(2.2.1)～边值问题(2.2.2)的特征值关于某些参数的导数公式. 首先回顾 Fréchet 导数的定义.

定义 2.2.2[85] 设 X_1, X_2 是两个 Banach 空间. 称映射 $\Gamma: X_1 \to X_2$ 在点 $x \in X_1$ 处是 Fréchet 可微的,如果存在一个有界线性算子 $\mathrm{d}\Gamma_x: X_1 \to X_2$,使得对 $\tilde{x} \in X_1$,当 $\tilde{x} \to 0$ 时

$$|\Gamma(x+\tilde{x}) - \Gamma(x) - \mathrm{d}\Gamma_x(\tilde{x})| = o(\tilde{x})$$

定理 2.2.3 设 $\boldsymbol{W} = (p_0, p_1, w, \boldsymbol{\Delta}_1, \boldsymbol{\Delta}_2, \theta) \in \Omega$, $\lambda = \lambda(\boldsymbol{W})$ 是算子 T 的特征值,

$$\boldsymbol{Y}(\boldsymbol{W}) = (y(x, \boldsymbol{W}), y_1(\boldsymbol{W}), y_2(\boldsymbol{W})) \in H$$

是相应的规范化的特征函数, $\boldsymbol{E}$ 为单位矩阵, $\boldsymbol{R}$ 为 2×2 实数矩阵. 若 $\lambda(\boldsymbol{W})$ 在 $\boldsymbol{W}$ 的某个邻域 $\mathcal{M} \subset \Omega$ 内的几何重数不变,则 λ 关于 $\boldsymbol{W}$ 中的所有参数都是可微的,且 λ 的导数公式如下:

(1)除 θ 外,固定 $\boldsymbol{W}$ 中所有的参数. 令特征值 $\lambda = \lambda(\theta)$,则 λ 可微,且导数为

$$\lambda'(\theta) = \frac{2\cos\theta}{1+\sin^2\theta}|y^{[1]}(a)|^2 = \frac{2\cos\theta}{1+\sin^2\theta}|y^{[1]}(b)|^2$$

(2)除边界条件参数矩阵 $\boldsymbol{K} = \begin{pmatrix} \alpha_1 & \tilde{\alpha}_1 \\ \alpha_2 & \tilde{\alpha}_2 \end{pmatrix}$ 以外,固定 $\boldsymbol{W}$ 中所有的参数. 令特征值 $\lambda = \lambda(\boldsymbol{K})$,且 $\det[\boldsymbol{K} + \boldsymbol{R}] = -\rho_1$,则 λ 可微,且 Fréchet 导数为

$$\mathrm{d}\lambda_{\boldsymbol{K}}(\boldsymbol{R}) = (-y(a), y^{[2]}(a))[\boldsymbol{E} - (\boldsymbol{K}+\boldsymbol{R})\boldsymbol{K}^{-1}](\overline{y^{[2]}(a)}, \overline{y(a)})^{\mathrm{T}}$$

(3)除边界条件参数矩阵 $\tilde{\boldsymbol{K}} = \begin{pmatrix} \beta_1 & \tilde{\beta}_1 \\ \beta_2 & \tilde{\beta}_2 \end{pmatrix}$ 外,固定 $\boldsymbol{W}$ 中所有的参数. 令特征值 $\lambda = \lambda(\tilde{\boldsymbol{K}})$, $\det[\tilde{\boldsymbol{K}} + \boldsymbol{R}] = -\rho_2$,则 λ 可微,且 Fréchet 导数为

$$\mathrm{d}\lambda_{\tilde{\boldsymbol{K}}}(\boldsymbol{R}) = (y(b), y^{[2]}(b))[\boldsymbol{E} - (\tilde{\boldsymbol{K}}+\boldsymbol{R})\tilde{\boldsymbol{K}}^{-1}](\overline{y^{[2]}(b)}, -\overline{y(b)})^{\mathrm{T}}$$

(4)除 p_0 外,固定 $\boldsymbol{W}$ 中所有参数. 令特征值 $\lambda = \lambda(p_0)$,则 λ 可微,

且 Fréchet 导数为

$$\mathrm{d}\lambda_{p_0}(\widetilde{p}_0)=\int_a^b \widetilde{p}_0 |y'|^2 \mathrm{d}x, \widetilde{p}_0 \in L^1[a,b]$$

(5)除 p_1 外,固定 $\boldsymbol{W}$ 中所有参数. 令特征值 $\lambda=\lambda(p_1)$,则 λ 可微,且 Fréchet 导数为

$$\mathrm{d}\lambda_{p_1}(\widetilde{p}_1)=\int_a^b \widetilde{p}_1 |y|^2 \mathrm{d}x, \widetilde{p}_1 \in L^1[a,b]$$

(6)除 w 外,固定 $\boldsymbol{W}$ 中所有参数. 令特征值 $\lambda=\lambda(w)$,则 λ 可微,且 Fréchet 导数为

$$\mathrm{d}\lambda_w(\widetilde{w})=\lambda\int_a^b \widetilde{w} |y|^2 \mathrm{d}x, \widetilde{w} \in L^1[a,b]$$

证明　除去一个元素以外,固定 $\boldsymbol{W}\in\Omega$ 中所有的参数. 对充分小的 $\varepsilon>0$,当 $\|\boldsymbol{W}-\boldsymbol{W}_0\|<\varepsilon$ 时,令 $\lambda(\boldsymbol{W})$ 为算子 T 满足定理 2.2.1 的特征值. 对以上 6 种情形,分别用 $\lambda(\theta+\xi)$,$\lambda(\boldsymbol{K}+\boldsymbol{R})$,$\lambda(\widetilde{\boldsymbol{K}}+\boldsymbol{R})$,$\lambda(p_0+\widetilde{p}_0)$,$\lambda(p_1+\widetilde{p}_1)$,$\lambda(w+\widetilde{w})$代替 $\lambda(\boldsymbol{W})$,其中 $\xi\in\mathbb{R}$. 令 $\boldsymbol{Y}(\boldsymbol{W})=(y(x,\boldsymbol{W}),y_1(\boldsymbol{W}),y_2(\boldsymbol{W}))$为相应的规范化的特征函数.

(i)固定 $\boldsymbol{W}$ 中 θ 以外的所有参数. 令特征值 $\lambda(\theta)$,$\lambda(\theta+\xi)$对应的规范化特征函数分别为

$$\boldsymbol{Y}(\theta)=(y(x,\theta),y_1(\theta),y_2(\theta))$$
$$\boldsymbol{Z}(\theta)=(z(x,\theta),z_1(\theta),z_2(\theta))$$

因为算子 T 是自伴的,所以由式(2.1.14)~式(2.1.16)和边界条件(2.1.4)可得

$$\begin{aligned}
&[\lambda(\theta+\xi)-\lambda(\theta)]\langle \boldsymbol{Z},\boldsymbol{Y}\rangle\\
&=\langle \lambda(\theta+\xi)\boldsymbol{Z},\boldsymbol{Y}\rangle-\langle \boldsymbol{Z},\lambda(\theta)\boldsymbol{Y}\rangle\\
&=[z,\overline{y}]_a^b+\frac{1}{\rho_1}N_1(z)\overline{M_1(y)}-\frac{1}{\rho_1}M_1(z)\overline{N_1(y)}+\\
&\quad\frac{1}{\rho_2}N_2(z)\overline{M_2(y)}-\frac{1}{\rho_2}M_2(z)\overline{N_2(y)} \qquad (2.2.8)\\
&=\mathrm{i}z^{[1]}(b)\overline{y^{[1]}(b)}-\mathrm{i}z^{[1]}(a)\overline{y^{[1]}(a)}\\
&=\mathrm{i}\left\{\frac{[\mathrm{i}+\sin(\theta+\xi)](\sin\theta-\mathrm{i})}{[1+\mathrm{i}\sin(\theta+\xi)](1-\mathrm{i}\sin\theta)}-1\right\}z^{[1]}(a)\overline{y^{[1]}(a)}
\end{aligned}$$

对式(2.2.8)两边同时除以 ξ,并令 $\xi\to 0$,则由定理 2.2.2 可得

$$\lambda'(\theta)=\frac{2\cos\theta}{1+\sin^2\theta}|y^{[1]}(a)|^2 \tag{2.2.9}$$

再由式(2.1.17)可得

$$\|y^{[1]}(a)\|^2=\|y^{[1]}(b)\|^2$$

因此,(1)成立.

(2)固定 $\boldsymbol{W}$ 中 $\boldsymbol{K}$ 以外的所有参数.令

$$\boldsymbol{K}+\boldsymbol{R}=\begin{pmatrix}\alpha_{1R} & \widetilde{\alpha}_{1R}\\ \alpha_{2R} & \widetilde{\alpha}_{2R}\end{pmatrix}$$

$$\det(\boldsymbol{K}+\boldsymbol{R})=-\rho_1$$

$$\boldsymbol{Y}(\boldsymbol{K})=(y(x,\boldsymbol{K}),y_1(\boldsymbol{K}),y_2(\boldsymbol{K}))$$

$$\boldsymbol{Z}(\boldsymbol{K})=(z(x,\boldsymbol{K}),z_1(\boldsymbol{K}),z_2(\boldsymbol{K}))$$

其中 $\boldsymbol{Y}(\boldsymbol{K})$ 和 $\boldsymbol{Y}(\boldsymbol{K}+\boldsymbol{R})$ 分别是特征值 $\lambda(\boldsymbol{K})$ 和 $\lambda(\boldsymbol{K}+\boldsymbol{R})$ 对应的特征函数,则由边界条件(2.1.2)可得

$$\lambda(\boldsymbol{K})[\alpha_1\overline{y(a)}-\alpha_2\overline{y^{[2]}(a)}]=\widetilde{\alpha}_2\overline{y^{[2]}(a)}-\widetilde{\alpha}_1\overline{y(a)}$$

$$\lambda(\boldsymbol{K}+\boldsymbol{R})[\alpha_{1R}z(a)-\alpha_{2R}z^{[2]}(a)]=\widetilde{\alpha}_{2R}z^{[2]}(a)-\widetilde{\alpha}_{1R}z(a)$$

由边界条件(2.1.2)～(2.1.4),通过计算可得

$$\begin{aligned}
&[\lambda(\boldsymbol{K}+\boldsymbol{R})-\lambda(\boldsymbol{K})]\langle\boldsymbol{Z},\boldsymbol{Y}\rangle\\
&=\langle\lambda(\boldsymbol{K}+\boldsymbol{R})\boldsymbol{Z},\boldsymbol{Y}\rangle-\langle\boldsymbol{Z},\lambda(\boldsymbol{K})\boldsymbol{Y}\rangle\\
&=[z,\bar{y}]_a^b+\frac{1}{\rho_1}N_1(z)\overline{M_1(y)}-\frac{1}{\rho_1}M_1(z)\overline{N_1(y)}+\\
&\quad\frac{1}{\rho_2}N_2(z)\overline{M_2(y)}-\frac{1}{\rho_2}M_2(z)\overline{N_2(y)}\\
&=z^{[2]}(a)\overline{y(a)}-z(a)\overline{y^{[2]}(a)}+\frac{1}{\rho_1}N_1(z)\overline{M_1(y)}-\frac{1}{\rho_1}M_1(z)\overline{N_1(y)}\\
&=z^{[2]}(a)\overline{y(a)}-z(a)\overline{y^{[2]}(a)}+\\
&\quad\frac{1}{\rho_1}[\widetilde{\alpha}_{2R}z^{[2]}(a)-\widetilde{\alpha}_{1R}z(a)][\alpha_1\overline{y(a)}-\alpha_2\overline{y^{[2]}(a)}]-
\end{aligned}$$

$$\frac{1}{\rho_1}[\alpha_{1R}z(a)-\alpha_{2R}z^{[2]}(a)][\widetilde{\alpha}_2\overline{y^{[2]}(a)}-\widetilde{\alpha}_1\overline{y(a)}]$$

$$=(-z(a),z^{[2]}(a))(\overline{y^{[2]}(a)},\overline{y(a)})^{\mathrm{T}}+$$

$$\frac{1}{\rho_1}(-z(a),z^{[2]}(a))(\widetilde{\alpha}_{1R},\widetilde{\alpha}_{2R})^{\mathrm{T}}(-\alpha_2,\alpha_1)(\overline{y^{[2]}(a)},\overline{y(a)})^{\mathrm{T}}-$$

$$\frac{1}{\rho_1}(-z(a),z^{[2]}(a))(-\alpha_{1R},-\alpha_{2R})^{\mathrm{T}}(\widetilde{\alpha}_2,-\widetilde{\alpha}_1)(\overline{y^{[2]}(a)},\overline{y(a)})^{\mathrm{T}}$$

$$=(-z(a),z^{[2]}(a))\Big[\boldsymbol{E}+\frac{1}{\rho_1}(\widetilde{\alpha}_{1R},\widetilde{\alpha}_{2R})^{\mathrm{T}}(-\alpha_2,\alpha_1)-$$

$$\frac{1}{\rho_1}(-\alpha_{1R},\alpha_{2R})^{\mathrm{T}}(\widetilde{\alpha}_2,-\widetilde{\alpha}_1)\Big](\overline{y^{[2]}(a)},\overline{y(a)})^{\mathrm{T}}$$

$$=(-z(a),z^{[2]}(a))[\boldsymbol{E}-(\boldsymbol{K}+\boldsymbol{R})\boldsymbol{K}^{-1}](\overline{y^{[2]}(a)},\overline{y(a)})^{\mathrm{T}}$$

令 $\boldsymbol{R}\to\boldsymbol{0}$,则由上式可得

$$[\lambda(\boldsymbol{K}+\boldsymbol{R})-\lambda(\boldsymbol{K})][1+o(1)]$$

$$=(-z(a),z^{[2]}(a))[\boldsymbol{E}-(\boldsymbol{K}+\boldsymbol{R})\boldsymbol{K}^{-1}](\overline{y^{[2]}(a)},\overline{y(a)})^{\mathrm{T}}$$

即

$$\lambda(\boldsymbol{K}+\boldsymbol{R})-\lambda(\boldsymbol{K})$$

$$=(-z(a),z^{[2]}(a))[\boldsymbol{E}-(\boldsymbol{K}+\boldsymbol{R})\boldsymbol{K}^{-1}](\overline{y^{[2]}(a)},\overline{y(a)})^{\mathrm{T}}+o(\boldsymbol{R})$$

由此可得(2)成立.(3)的证明与(2)类似.

(4)固定 $\boldsymbol{W}$ 中除 p_0 以外的所有参数.令特征值 $\lambda(\rho_0)$ 和 $\lambda(\rho_0+\widetilde{\rho}_0)$ 所对应的特征函数分别为

$$\boldsymbol{Y}(p_0)=(y(x,p_0),y_1(p_0),y_2(p_0))$$

$$\boldsymbol{Z}(p_0)=(z(x,p_0),z_1(p_0),z_2(p_0))$$

由空间 H 上内积定义可得

$$[\lambda(p_0+\widetilde{p}_0)-\lambda(p_0)]\langle\boldsymbol{Z},\boldsymbol{Y}\rangle$$

$$=[\lambda(p_0+\widetilde{p}_0)-\lambda(p_0)]\left(\int_a^b z\overline{y}w\,\mathrm{d}x+\frac{1}{\rho_1}z_1\overline{y}_1+\frac{1}{\rho_2}z_2\overline{y}_2\right)$$

$$=\int_a^b\ell(z)\overline{y}w\,\mathrm{d}x-\int_a^b z\overline{\ell(y)}w\,\mathrm{d}x+$$

$$
\begin{aligned}
&[\lambda(p_0+\widetilde{p}_0)-\lambda(p_0)]\left(\frac{1}{\rho_1}z_1\overline{y}_1+\frac{1}{\rho_2}z_2\overline{y}_2\right)\\
=&\int_a^b[(-z^{[2]})'+\mathrm{i}q_1z'+p_1z]\overline{y}\mathrm{d}x-\int_a^b z\overline{[(-y^{[2]})'+\mathrm{i}q_1y'+p_1y]}\mathrm{d}x+\\
&\frac{1}{\rho_1}N_1(z)\overline{M_1(y)}-\frac{1}{\rho_1}M_1(z)\overline{N_1(y)}+\\
&\frac{1}{\rho_2}N_2(z)\overline{M_2(y)}-\frac{1}{\rho_2}M_2(z)\overline{N_2(y)}\\
=&(z\overline{y^{[2]}}-z^{[2]}\overline{y})|_a^b+\int_a^b[\mathrm{i}q_0(q_0z')'+(p_0+\widetilde{p}_0)z'-\mathrm{i}q_1z]\overline{y}'\mathrm{d}x-\\
&\int_a^b z'[-\mathrm{i}q_0(q_0\overline{y}')'+p_0\overline{y}'+\mathrm{i}q_1\overline{y}]\mathrm{d}x+\mathrm{i}\int_a^b[q_1z'\overline{y}+q_1z\overline{y}']\mathrm{d}x+\\
&\frac{1}{\rho_1}N_1(z)\overline{M_1(y)}-\frac{1}{\rho_1}M_1(z)\overline{N_1(y)}+\\
&\frac{1}{\rho_2}N_2(z)\overline{M_2(y)}-\frac{1}{\rho_2}M_2(z)\overline{N_2(y)}\\
=&\int_a^b(p_0+\widetilde{p}_0)z'\overline{y}'\mathrm{d}x-\int_a^b p_0z'\overline{y}'\mathrm{d}x\\
=&\int_a^b\widetilde{p}_0z'\overline{y}'\mathrm{d}x
\end{aligned}
$$

因此(4)成立.(5)和(6)的证明与(4)类似.

第 3 章　非连续 Sturm-Liouville 算子的谱分解

本章研究非连续偶数阶 Sturm-Liouville 算子,包括高阶及边界条件依赖谱参数的问题.主要涉及特征值的存在与分布、特征函数系的完备性、特征值及特征函数的求解、特征函数的振动性和特征值的交错性等内容.

3.1　特征值的存在与分布

为了更具一般性,本节考虑由 $2n$ 阶对称微分表达式

$$\ell(y)=\sum_{k=0}^{n}(-1)^k(p_{n-k}y^{(k)})^{(k)},x\in I \tag{3.1.1}$$

定义的微分算式

$$\ell(y)=\lambda y \tag{3.1.2}$$

边界条件

$$\boldsymbol{A}\boldsymbol{Y}(a)+\boldsymbol{B}\boldsymbol{Y}(b)=\boldsymbol{0} \tag{3.1.3}$$

$$\boldsymbol{Y}=(y,y^{[1]},\cdots,y^{[2n-1]})^{\mathrm{T}} \tag{3.1.4}$$

及转移条件

$$\boldsymbol{C}_m\boldsymbol{Y}(c_m-0)+\boldsymbol{D}_m\boldsymbol{Y}(c_m+0)=\boldsymbol{0} \tag{3.1.5}$$

所确定的微分算子 T.其中 $I=[a=(c_0,c_1)\cup(c_1,c_2)\cup\cdots\cup(c_i,c_{i+1})\cup\cdots\cup(c_n,c_{n+1})=b]$,$-\infty<a<b<+\infty$,$p_{n-k}(x)\in C^k(I)$ 且 $p_0^{-1}(x)$,$p_k(x)\in L^1(I,\mathbb{R})$,$k=1,2,\cdots,n$,$\lim\limits_{x\to c_m^{\pm}}p_k(x)=p_k(c_m\pm 0)$是有限的,$k$,$m=1,2,\cdots,n$;$\boldsymbol{A}=(a_{ij})$,$\boldsymbol{B}=(b_{ij})$,$\boldsymbol{C}_m=(c_{ij}^m)$,$\boldsymbol{D}_m=(d_{ij}^m)$是 $2n\times 2n$ 的复矩阵,且 $\mathrm{rank}(\boldsymbol{A}\oplus\boldsymbol{B})=2n$,$\det\boldsymbol{C}_m-\rho_m>0$,$\det\boldsymbol{D}_m=\theta_m>0$,$\rho_m\boldsymbol{D}_m\boldsymbol{Q}_{2n}\boldsymbol{D}_m^*=\theta_m\boldsymbol{C}_m\boldsymbol{Q}_{2n}\boldsymbol{C}_m^*$;$\boldsymbol{D}_m^*$ 分别是 $\boldsymbol{C}_m$,$\boldsymbol{D}_m$ 的复共轭转置,$\boldsymbol{Q}_{2n}=$

$(q_{ij})_{2n}$，当 $i+j=2n+1$ 时，$q_{ij}=(-1)^i$，当 $i+j\neq 2n+1$ 时，$(q_{ij})=0$，且 $y^{[1]},y^{[2]},\cdots,y^{[2n-1]}$表示函数 y 相应于$\ell(y)$的拟导数.

3.1.1 预备知识

拟导数定义如下[148]

$$y^{[k]}=\frac{\mathrm{d}^k y}{\mathrm{d}x^k},k=1,2,\cdots,n-1 \tag{3.1.6}$$

$$y^{[n]}=p_0\frac{\mathrm{d}^n y}{\mathrm{d}x^n} \tag{3.1.7}$$

$$y^{[n+k]}=p_k\frac{\mathrm{d}^{n-k} y}{\mathrm{d}x^{n-k}}-\frac{\mathrm{d}}{\mathrm{d}x}y^{[n+k-1]},k=1,2,\cdots,n \tag{3.1.8}$$

为了表示方便，记 $y^{[0]}=y$. 由拟导数的定义可得 $\ell(y)=y^{[2n]}$.

拉格朗日公式：设 f,g 为任意的两个函数，由 $2n$ 阶对称微分算式可知

$$\ell(f)\overline{g}-f\ell(\overline{g})=\frac{\mathrm{d}}{\mathrm{d}x}\boldsymbol{W}(f,\overline{g};x) \tag{3.1.9}$$

其中 $\boldsymbol{W}ronski$ 行列式

$$\begin{aligned}\boldsymbol{W}(f,\overline{g};x)&=\sum_{k=1}^{n}\{f^{[k-1]}(x)\overline{g}^{[2n-k]}(x)-f^{[2n-k]}(x)\overline{g}^{[k-1]}(x)\}\\&=\boldsymbol{R}(\overline{g})\boldsymbol{Q}_{2n}\boldsymbol{C}(f)\end{aligned} \tag{3.1.10}$$

$$\boldsymbol{C}(f)=(f,f^{[1]},\cdots,f^{[2n-1]})^{\mathrm{T}}$$

$$\boldsymbol{R}(\overline{g})=(g,\overline{g}^{[1]},\cdots,\overline{g}^{[2n-1]})$$

如果没有特别说明，本节 $i,j,r,s,p=1,2,\cdots,2n$；$k=0,1,2,\cdots,n$；$m=1,2,\cdots,n$.

在 $L^2(I)$中定义内积

$$\langle f,g\rangle=\int_a^{c_1}f_1\overline{g}_1\mathrm{d}x+\sum_{m=1}^{n}\frac{\Theta_m}{Z_m}\int_{c_m}^{c_{m+1}}f_{m+1}\overline{g}_{m+1}\mathrm{d}x$$

$$\forall f,g\in L^2(I) \tag{3.1.11}$$

其中 $f_{m+1}(x)=f(x)|_{(c_m,c_{m+1})}$，$\Theta_m=\prod_{k=1}^{m}\theta_k$，$Z_m=\prod_{k=1}^{m}\rho_k$. 具有此内积的空间是 Hilbert 空间，记为 H. 如果没有特殊说明，下文均在该空间研究问题.

3.1.2　最大算子和最小算子

令 T_M 为 $\ell(y)$ 生成的最大算子，其定义域为

$$D_M=\{y\in H\mid y_m^{[j-1]}\in AC_{\mathrm{loc}}(c_{m-1},c_m),\ell(y)\in H,\quad m=1,2,\cdots,n+1\}\tag{3.1.12}$$

T_0 为 $\ell(y)$ 生成的最小算子，其定义域为

$$D_0=\{y\in D_M\mid y^{[j-1]}(a)=y^{[j-1]}(c_m-0)=y^{[j-1]}(c_m+0)=y^{[j-1]}(b)=0\}\tag{3.1.13}$$

算子 T 的定义域为

$$D=\{y\in D_M\mid \boldsymbol{A}\boldsymbol{Y}(a)+\boldsymbol{B}\boldsymbol{Y}(b)=\boldsymbol{0},\quad \boldsymbol{C}_m\boldsymbol{Y}(c_m-0)+\boldsymbol{D}_m\boldsymbol{Y}(c_m+0)=\boldsymbol{0}\}\tag{3.1.14}$$

T'_M 为与 T 相关的最大算子，其定义域为

$$D'_M=\{y\in D_M\mid \boldsymbol{C}_m\boldsymbol{Y}(c_m-0)+\boldsymbol{D}_m\boldsymbol{Y}(c_m+0)=\boldsymbol{0}\}\tag{3.1.15}$$

T'_0 为与 T 相关的最小算子，其定义域为

$$D'_0=\{y\in D'_M\mid y^{[j-1]}(a)=y^{[j-1]}(b)=0\}\tag{3.1.16}$$

显然 $T_0\subset T'_0\subset T\subset T'_M\subset T_M$.

注 3.1.1　$y^{[j-1]}(c_m\pm 0)=\lim\limits_{x\to c_m\pm 0}y^{[j-1]}(x)$.

对任意 $u,v\in D'_M$，

$$\begin{aligned}&\langle\ell(u),v\rangle-\langle u,\ell(v)\rangle\\&=\frac{\Theta_n}{Z_n}W(u,\bar{v};b)-W(u,\bar{v};a)\\&=\frac{\Theta_n}{Z_n}\boldsymbol{R}(\bar{v})_b\boldsymbol{Q}_{2n}\boldsymbol{C}(u)_b-\boldsymbol{R}(\bar{v})_a\boldsymbol{Q}_{2n}\boldsymbol{C}(u)_a\end{aligned}\tag{3.1.17}$$

对任意 $u\in D'_0$，$v\in D'_M$，有 $\langle\ell(u),v\rangle=\langle u,\ell(v)\rangle$，即 $\langle T'_0u,v\rangle=\langle u,T'_Mv\rangle$，从而 $T'_M\subset T_0'^{*}$.

定理 3.1.1 对任意两组复数 $\alpha_1,\alpha_2,\cdots,\alpha_{2n};\beta_1,\beta_2,\cdots,\beta_{2n}$，存在 $y\in D_M'$，满足

$$y^{[j-1]}(a)=\alpha_j,y^{[j-1]}(b)=\beta_j \tag{3.1.18}$$

证明 设 $\varphi_{n+1,1},\varphi_{n+1,2},\cdots,\varphi_{n+1,2n}$ 是方程 $\ell(y)=0,x\in(c_n,c_{n+1})$，满足条件

$$\begin{cases}\varphi_{n+1,j}^{[r-1]}=1,j=r\\ \varphi_{n+1,j}^{[r-1]}=0,j\neq r\end{cases} \tag{3.1.19}$$

的解. $\varphi_{m,1},\varphi_{m,2},\cdots,\varphi_{m,2n}$ 是方程 $\ell(y)=0,x\in(c_{m-1},c_m)$，满足条件

$$\varphi_{m,j}^{[r-1]}(c_m)=-\frac{1}{\rho_m}\sum_{s=1}^{2n}G_{rs}^m\varphi_{m+1,j}^{[s-1]}(c_m) \tag{3.1.20}$$

的解，其中 G_{rs}^m 表示 D_m 的第 s 列代替 C_m 的第 r 列后，得到的新矩阵的行列式. 易证 $\varphi_{k+1,1},\varphi_{k+1,2},\cdots,\varphi_{k+1,2n}$ 是线性无关的. 令 $\boldsymbol{\Phi}_j(x)=\varphi_{k+1,j}(x)$，$x\in(c_k,c_{k+1})$，则 $\boldsymbol{\Phi}_1,\boldsymbol{\Phi}_2,\cdots,\boldsymbol{\Phi}_{2n}\in D_M'$是方程 $\ell(y)=0$ 的线性无关解. 令 $f(x)=\sum_{i=1}^{2n}c_i\boldsymbol{\Phi}_i$，满足

$$\langle f(x),\boldsymbol{\Phi}_j\rangle=\sum_{i=1}^{2n}c_i\langle\boldsymbol{\Phi}_i,\boldsymbol{\Phi}_j\rangle=(-1)^j\frac{\Theta_n}{Z_n}\beta_{2n+1-j} \tag{3.1.21}$$

因为 $\boldsymbol{\Phi}_1,\boldsymbol{\Phi}_2,\cdots,\boldsymbol{\Phi}_{2n}$ 是线性无关的，故它们的 Gram 行列式

$$\begin{vmatrix}(\boldsymbol{\Phi}_1,\boldsymbol{\Phi}_1) & (\boldsymbol{\Phi}_2,\boldsymbol{\Phi}_1) & \cdots & (\boldsymbol{\Phi}_{2n},\boldsymbol{\Phi}_1)\\ (\boldsymbol{\Phi}_1,\boldsymbol{\Phi}_2) & (\boldsymbol{\Phi}_2,\boldsymbol{\Phi}_2) & \cdots & (\boldsymbol{\Phi}_{2n},\boldsymbol{\Phi}_2)\\ \vdots & \vdots & & \vdots\\ (\boldsymbol{\Phi}_1,\boldsymbol{\Phi}_{2n}) & (\boldsymbol{\Phi}_2,\boldsymbol{\Phi}_{2n}) & \cdots & (\boldsymbol{\Phi}_{2n},\boldsymbol{\Phi}_{2n})\end{vmatrix}\neq 0 \tag{3.1.22}$$

因此，式(3.1.21)的系数是唯一确定的，故所求的 f 存在. 令 $u(x)$是问题

$$\begin{cases}\ell(u)=f,x\in I\\ u^{[j-1]}(a)=0\end{cases} \tag{3.1.23}$$

的解，其中 $u(x)\in D_M'$. 取

$$\boldsymbol{R}(\boldsymbol{\Phi}_j)_b=(0,\cdots,0,1,0,\cdots,0) \tag{3.1.24}$$

其中 1 是第 j 列上的元素. 显然有 $u^{[j-1]}(b)=\beta_j$. 由此，$u(x)\in D'_M$满足

$$u^{[j-1]}(a)=0,u^{[j-1]}(b)=\beta_j \tag{3.1.25}$$

同理可求得 $v\in D'_M$，满足 $v^{[j-1]}(a)=\alpha_j$，$v^{[j-1]}(b)=0$. 令 $y=u+v$，则 y 即定理 3.1.1 所求的函数.

定理 3.1.2　设 $f(x)\in H$，则微分方程 $\ell(y)=f(x)$存在解 $y_0\in D'_0$的充要条件为 $f(x)$与 $\ell(y)=0$ 的一切属于 D'_M的解正交.

证明　必要性：设 $y_0\in D'_0$且满足 $\ell(y)=f(x)$，令 $\varphi_1,\varphi_2,\cdots,\varphi_{2n}$ 为 $\ell(y)=0$ 的一个线性无关解组，则关于方程 $\ell(y)=0$ 的属于 D'_M的解 φ_i，有

$$\begin{aligned}\langle f,\varphi_i\rangle&=\langle \ell(y_0),\varphi_i\rangle\\&=\langle y_0,\ell(\varphi_i)\rangle+\frac{\Theta_n}{Z_n}W(y_0,\overline{\varphi}_i;b)-W(y_0,\overline{\varphi}_i;a)\\&=\langle y_0,\ell(\varphi_i)\rangle+\frac{\Theta_n}{Z_n}\boldsymbol{R}(\overline{\varphi}_i)_b\boldsymbol{Q}_{2n}\boldsymbol{C}(y_0)_b-\\&\quad\boldsymbol{R}(\overline{\varphi}_i)_a\boldsymbol{Q}_{2n}\boldsymbol{C}(y_0)_a\end{aligned} \tag{3.1.26}$$

由于$\langle y_0,\ell(\varphi_i)\rangle=0$，因此

$$\langle f,\varphi_i\rangle=\frac{\Theta_n}{Z_n}\boldsymbol{R}(\overline{\varphi}_i)_b\boldsymbol{Q}_{2n}\boldsymbol{C}(y_0)_b-\boldsymbol{R}(\overline{\varphi}_i)_a\boldsymbol{Q}_{2n}\boldsymbol{C}(y_0)_a \tag{3.1.27}$$

又因为 $y_0\in D'_0$，于是

$$\boldsymbol{R}(\overline{\varphi}_i)_b\boldsymbol{Q}_{2n}\boldsymbol{C}(y_0)_b=\boldsymbol{0},\boldsymbol{R}(\overline{\varphi}_i)_a\boldsymbol{Q}_{2n}\boldsymbol{C}(y_0)_a=\boldsymbol{0} \tag{3.1.28}$$

从而$\langle f,\varphi_i\rangle=0$. 这就证明了 $f(x)$与 $\ell(y)=0$ 的一切属于 D'_M的解正交.

充分性：若已知 $f(x)$与 $\ell(y)=0$ 的一切属于 D'_M的解正交，下面证明存在 $y_0\in D'_0$且 $\ell(y_0)=f$. 令 $\varphi_1,\varphi_2,\cdots,\varphi_{2n}$ 是 $\ell(y)=0$ 的一个线性无关解组，并满足初始条件

$$\boldsymbol{R}(\boldsymbol{\Phi}_i)_b=(0,\cdots,0,1,0,\cdots,0) \tag{3.1.29}$$

其中 1 是第 i 列上的元素，y_0 是初值问题

$$\begin{cases}\ell(y)=f,x\in I\\y^{[j-1]}(a)=0\end{cases} \tag{3.1.30}$$

的解. 以下证明 $y^{[j-1]}(b)=0$.

因为 $f(x)$与 $\ell(y)=0$ 的一切属于 D'_M的解正交,则对于方程 $\ell(y)=0$ 的属于 D'_M的解 φ_i,有$\langle\ell(y_0),\varphi_i\rangle=\langle f,\varphi_i\rangle=0$,而

$$\begin{aligned}\langle\ell(y_0),\varphi_i\rangle&=\langle y_0,\ell(\varphi_i)\rangle+\frac{\Theta_n}{Z_n}W(y_0,\varphi_i;b)-W(y_0,\varphi_i;a)\\&=\frac{\Theta_n}{Z_n}\boldsymbol{R}(\overline{\varphi}_i)_b\boldsymbol{Q}_{2n}\boldsymbol{C}(y_0)_b-\boldsymbol{R}(\overline{\varphi}_i)_a\boldsymbol{Q}_{2n}\boldsymbol{C}(y_0)_a\\&=(-1)^i\frac{\Theta_n}{Z_n}y_0^{[2n-i]}(b)\end{aligned}\tag{3.1.31}$$

于是 $y_0^{[2n-i]}(b)=0$,因此 $y_0\in D'_0$.

若 R'_0表示 T'_0的值域,以 N'_M表示算子 T'_M的零子空间,则定理 3.1.2 可以表述为 $R_0'^{\perp}=N'_M$.

定理 3.1.3 $T_0'^*=T'_M,T_M'^*=T'_0$.

证明 (1)$T_0'^*=T'_M$.

根据$\langle T'_0u,v\rangle=\langle u,T'_Mv\rangle$可知,$T'_M\subset T_0'^*$;以下只要证明 $T_0'^*\subset T'_M$. 为此令 $g,g^*\in H$,使$\langle\ell(f),g\rangle=\langle f,g^*\rangle$对一切 $f\in D'_0$ 成立. 下面证明必有 $g\in D'_M$且 $g^*=\ell(g)$. 令 $h\in D'_M$为微分方程 $\ell(y)=g^*$ 的解,对任意的 $f\in D'_0$,有

$$\begin{aligned}\langle T'_0f,g\rangle&=\langle\ell(f),g\rangle=\langle f,g^*\rangle=\langle f,\ell(h)\rangle\\&=\langle f,T'_Mh\rangle=\langle T'_0f,h\rangle=\langle\ell(f),h\rangle\end{aligned}\tag{3.1.32}$$

因此$\langle\ell(f),g-h\rangle=0$. 由于 f 是 D'_0中的任意元素,则 $g-h\in R_0'^{\perp}$. 进一步,$g-h\in N'_M$,从而推知 $g-h=y\in D'_M$,即 $g=h+y\in D'_M$,$\ell(g)=\ell(h)+\ell(y)=g^*$. 这就证明了 $T_0'^*\subset T'_M$,从而有 $T_0'^*=T'_M$.

(2)$T_M'^*=T'_0$.

因为 $T'_0\subset T'_M$,所以 $T_M'^*\subset T_0'^*=T'_M$,说明 $T_M'^*$ 是 $\ell(y)$所生成的算子,其定义域 $D_M'^*\subset D'_M$. 对任意 $u,v\in D'_M$,有

$$
\begin{aligned}
&\langle \ell(u),v\rangle-\langle u,\ell(v)\rangle \\
&=\frac{\Theta_n}{Z_n}W(u,\overline{v};b)-W(u,\overline{v};a) \\
&=\frac{\Theta_n}{Z_n}\boldsymbol{R}(\overline{v})_b\boldsymbol{Q}_{2n}\boldsymbol{C}(u)_b-\boldsymbol{R}(\overline{v})_a\boldsymbol{Q}_{2n}\boldsymbol{C}(u)_a
\end{aligned}
\tag{3.1.33}
$$

由此推知 $v\in D_M'^{*}$ 的充要条件为对一切的 $u\in D'_M$，有

$$
\frac{\Theta_n}{Z_n}\boldsymbol{R}(\overline{v})_b\boldsymbol{Q}_{2n}\boldsymbol{C}(u)_b-\boldsymbol{R}(\overline{v})_a\boldsymbol{Q}_{2n}\boldsymbol{C}(u)_a=\boldsymbol{0} \tag{3.1.34}
$$

即

$$
\Theta_n\boldsymbol{R}(\overline{v})_b\boldsymbol{Q}_{2n}\boldsymbol{C}(u)_b-Z_n\boldsymbol{R}(\overline{v})_a\boldsymbol{Q}_{2n}\boldsymbol{C}(u)_a=\boldsymbol{0} \tag{3.1.35}
$$

由于 $\boldsymbol{C}(u)_a$，$\boldsymbol{C}(u)_b$ 可以独立取值，故 $\boldsymbol{R}(\overline{v})_a=\boldsymbol{R}(\overline{v})_b=\boldsymbol{0}$，则 $v\in D'_0$，从而证明了 $D_M'^{*}=D_0$，即 $T_M'^{*}=T'_0$. 同理可证 $T_M=T_0^*$，$T_M^*=T_0$.

定理 3.1.4　T^* 为 T 的共轭算子，$T'_0\subset T^*\subset T'_M$.

证明　根据 $T'_0\subset T\subset T'_M$，则 $T_M'^{*}\subset T^*\subset T_0'^{*}$，由定理 3.1.3 可知，$T'_0\subset T^*\subset T'_M$.

3.1.3　算子 T 自共轭的判别准则

根据上节定义的与算子 T 相关的最大、最小算子以及它们互为共轭的性质，本节讨论算子 T 自共轭的判别准则.

定理 3.1.5　设 T^* 为 T 的共轭算子，则 $v\in D^*$ 的充要条件为 $v\in D'_M$，且对一切的 $u\in D$，

$$
\Theta_n\boldsymbol{R}(\overline{v})_b\boldsymbol{Q}_{2n}\boldsymbol{C}(u)_b-Z_n\boldsymbol{R}(\overline{v})_a\boldsymbol{Q}_{2n}\boldsymbol{C}(u)_a=\boldsymbol{0} \tag{3.1.36}
$$

证明　设 $v\in D^*$，则对任意 $u\in D$，有 $\langle Tu,v\rangle-\langle u,T^*v\rangle=0$. 再根据定理 3.1.4 可知，$T^*$ 为 $\ell(y)$ 生成的算子，因此

$$
\begin{aligned}
&\langle \ell(u),v\rangle-\langle u,\ell(v)\rangle \\
&=\frac{\Theta_n}{Z_n}\boldsymbol{R}(\overline{v})_b\boldsymbol{Q}_{2n}\boldsymbol{C}(u)_b-\boldsymbol{R}(\overline{v})_a\boldsymbol{Q}_{2n}\boldsymbol{C}(u)_a \\
&=\boldsymbol{0}
\end{aligned}
\tag{3.1.37}
$$

则有

$$\Theta_n \boldsymbol{R}(\overline{v})_b \boldsymbol{Q}_{2n} \boldsymbol{C}(u)_b - Z_n \boldsymbol{R}(\overline{v})_a \boldsymbol{Q}_{2n} \boldsymbol{C}(u)_a = \boldsymbol{0} \tag{3.1.38}$$

反之，若 $v \in D'_M$，且对一切的 $u \in D$，有

$$\Theta_n \boldsymbol{R}(\overline{v})_b \boldsymbol{Q}_{2n} \boldsymbol{C}(u)_b - Z_n \boldsymbol{R}(\overline{v})_a \boldsymbol{Q}_{2n} \boldsymbol{C}(u)_a = \boldsymbol{0} \tag{3.1.39}$$

则 $\langle \ell(u), v\rangle - \langle u, \ell(v)\rangle = 0$，从而 $v \in D^*$.

定理 3.1.6 算子 T 是自共轭的充要条件为 D 满足

(1) $D \subset D'_M$；

(2) 对任意的 $u, v \in D$，有 $\Theta_n \boldsymbol{R}(\overline{v})_b \boldsymbol{Q}_{2n} \boldsymbol{C}(u)_b - Z_n \boldsymbol{R}(\overline{v})_a \boldsymbol{Q}_{2n} \boldsymbol{C}(u)_a = \boldsymbol{0}$ 成立；

(3) 若 $v \in D'_M$，且对任意的 $u \in D$，有 $\Theta_n \boldsymbol{R}(\overline{v})_b \boldsymbol{Q}_{2n} \boldsymbol{C}(u)_b - Z_n \boldsymbol{R}(\overline{v})_a \boldsymbol{Q}_{2n} \boldsymbol{C}(u)_a = \boldsymbol{0}$ 成立，则 $v \in D$.

证明 必要性：

(1) 显然成立.

由于 T 是自共轭的，所以 $\langle Tu, v\rangle = \langle u, T^* v\rangle = 0$，对任意的 $u, v \in D$，有

$$\begin{aligned} &\langle \ell(u), v\rangle - \langle u, \ell(v)\rangle \\ &= \frac{\Theta_n}{Z_n} \boldsymbol{R}(\overline{v})_b \boldsymbol{Q}_{2n} \boldsymbol{C}(u)_b - \boldsymbol{R}(\overline{v})_a \boldsymbol{Q}_{2n} \boldsymbol{C}(u)_a \\ &= \boldsymbol{0} \end{aligned} \tag{3.1.40}$$

即

$$\Theta_n \boldsymbol{R}(\overline{v})_b \boldsymbol{Q}_{2n} \boldsymbol{C}(u)_b - Z_n \boldsymbol{R}(\overline{v})_a \boldsymbol{Q}_{2n} \boldsymbol{C}(u)_a = \boldsymbol{0} \tag{3.1.41}$$

因此(2)成立.

若 $v \in D'_M$，且对任意的 $u \in D$，有

$$\Theta_n \boldsymbol{R}(\overline{v})_b \boldsymbol{Q}_{2n} \boldsymbol{C}(u)_b - Z_n \boldsymbol{R}(\overline{v})_a \boldsymbol{Q}_{2n} \boldsymbol{C}(u)_a = \boldsymbol{0}$$

成立，根据定理 3.1.5 可知，$v \in D^*$，又因为 T 是自共轭的算子，于是 $v \in D$，因此(3)成立.

充分性：

由(2)知，对任意的 $u, v \in D$，

$$
\begin{aligned}
&\langle \ell(u),v\rangle-\langle u,\ell(v)\rangle \\
&=\frac{\Theta_n}{Z_n}\boldsymbol{R}(\overline{v})_b\boldsymbol{Q}_{2n}\boldsymbol{C}(u)_b-\boldsymbol{R}(\overline{v})_a\boldsymbol{Q}_{2n}\boldsymbol{C}(u)_a \\
&=\mathbf{0}
\end{aligned}
\tag{3.1.42}
$$

则有

$$
\Theta_n\boldsymbol{R}(\overline{v})_b\boldsymbol{Q}_{2n}\boldsymbol{C}(u)_b-Z_n\boldsymbol{R}(\overline{v})_a\boldsymbol{Q}_{2n}\boldsymbol{C}(u)_a=\mathbf{0} \tag{3.1.43}
$$

从而 $v\in D^*$,即 $D\subseteq D^*$. 若 $v\in D'_M$,且对任意的 $u\in D$,有

$$
\Theta_n\boldsymbol{R}(\overline{v})_b\boldsymbol{Q}_{2n}\boldsymbol{C}(u)_b-Z_n\boldsymbol{R}(\overline{v})_a\boldsymbol{Q}_{2n}\boldsymbol{C}(u)_a=\mathbf{0} \tag{3.1.44}
$$

由定理 3.1.5 知 $v\in D^*$,又由(3)可知 $v\in D$,因此 $D^*\subseteq D$,即 $D=D^*$,所以 T 是自共轭的算子.

定理 3.1.7　设 $y\in D'_M$,$\boldsymbol{V}(y)=\boldsymbol{SY}(a)+\boldsymbol{FY}(b)$是 $2n$ 维边界矢量,则 $\boldsymbol{V}(y)=\mathbf{0}$ 与 T 的边界条件 $\boldsymbol{U}(y)=\boldsymbol{AY}(a)+\boldsymbol{BY}(b)=\mathbf{0}$ 互为共轭的充要条件为 $\Theta_n\boldsymbol{AQ}_{2n}\boldsymbol{S}^*=Z_n\boldsymbol{BQ}_{2n}\boldsymbol{F}^*$.

证明　令 $\widetilde{\boldsymbol{C}}(y)=\begin{pmatrix}\boldsymbol{Y}(a)\\ \boldsymbol{Y}(b)\end{pmatrix}$,则 $\boldsymbol{U}(y)=(\boldsymbol{A}\oplus\boldsymbol{B})\widetilde{\boldsymbol{C}}(y)$,其中 $\mathrm{rank}(\boldsymbol{A}\oplus\boldsymbol{B})=2n$. 设 $\widetilde{\boldsymbol{A}}$,$\widetilde{\boldsymbol{B}}$ 是 $2n\times 2n$ 的矩阵,使得 $\boldsymbol{H}_1=\begin{pmatrix}\boldsymbol{A} & \boldsymbol{B}\\ \widetilde{\boldsymbol{A}} & \widetilde{\boldsymbol{B}}\end{pmatrix}$为非奇异矩阵,则有

$$
\boldsymbol{U}_c(y)=\widetilde{\boldsymbol{A}}\boldsymbol{Y}(a)+\widetilde{\boldsymbol{B}}\boldsymbol{Y}(b)=(\widetilde{\boldsymbol{A}}\oplus\widetilde{\boldsymbol{B}})\widetilde{\boldsymbol{C}}(y) \tag{3.1.45}
$$

是与 $\boldsymbol{U}(y)$互补的边界型,于是

$$
\widetilde{\boldsymbol{U}}(y)=\begin{pmatrix}\boldsymbol{U}(y)\\ \boldsymbol{U}_c(y)\end{pmatrix}=\boldsymbol{H}_1\widetilde{\boldsymbol{C}}(y) \tag{3.1.46}
$$

令

$$
\widetilde{\boldsymbol{J}}=\begin{pmatrix}-\boldsymbol{Q}_{2n} & \boldsymbol{O}\\ \boldsymbol{O} & \dfrac{\Theta_n}{Z_n}\boldsymbol{Q}_{2n}\end{pmatrix},\boldsymbol{Z}=(z,z^{[1]},\cdots,z^{[2n-1]})^{\mathrm{T}} \tag{3.1.47}
$$

则

$$
\begin{aligned}
&\langle \ell(u),v\rangle-\langle u,\ell(v)\rangle\\
&=\frac{\Theta_n}{\boldsymbol{Z}_n}\boldsymbol{R}(\bar{z})_b\boldsymbol{Q}_{2n}\boldsymbol{C}(y)_b-\boldsymbol{R}(\bar{z})_a\boldsymbol{Q}_{2n}\boldsymbol{C}(y)_a\\
&=\langle\widetilde{\boldsymbol{J}}\widetilde{\boldsymbol{C}}(y),\widetilde{\boldsymbol{C}}(z)\rangle\\
&=\langle\widetilde{\boldsymbol{U}}(y),(\widetilde{\boldsymbol{J}}\boldsymbol{H}_1^{-1})^*\widetilde{\boldsymbol{C}}(z)\rangle
\end{aligned}
\tag{3.1.48}
$$

显然$(\widetilde{\boldsymbol{J}}\boldsymbol{H}_1^{-1})^*$是非奇异矩阵. 令

$$
\widetilde{\boldsymbol{V}}(z)=\begin{pmatrix}\boldsymbol{V}_c(z)\\ \boldsymbol{V}(z)\end{pmatrix}=(\widetilde{\boldsymbol{J}}\boldsymbol{H}_1^{-1})^*\widetilde{\boldsymbol{C}}(z)
\tag{3.1.49}
$$

其中$\boldsymbol{V}(z)=\boldsymbol{SZ}(a)+\boldsymbol{FZ}(b)$, $\boldsymbol{V}_c(z)=\widetilde{\boldsymbol{S}}\boldsymbol{Z}(a)+\widetilde{\boldsymbol{F}}\boldsymbol{S}(b)$,则

$$
\begin{aligned}
&\widetilde{\boldsymbol{V}}(z)=\begin{pmatrix}\boldsymbol{V}_c(z)\\ \boldsymbol{V}(z)\end{pmatrix}=\begin{pmatrix}\widetilde{\boldsymbol{S}} & \widetilde{\boldsymbol{F}}\\ \boldsymbol{S} & \boldsymbol{F}\end{pmatrix}\widetilde{\boldsymbol{C}}(z)\\
&(\widetilde{\boldsymbol{J}}\boldsymbol{H}_1^{-1})^*=\begin{pmatrix}\widetilde{\boldsymbol{S}} & \widetilde{\boldsymbol{F}}\\ \boldsymbol{S} & \boldsymbol{F}\end{pmatrix}
\end{aligned}
\tag{3.1.50}
$$

即

$$
\widetilde{\boldsymbol{J}}=\begin{pmatrix}\widetilde{\boldsymbol{S}}^* & \boldsymbol{S}^*\\ \widetilde{\boldsymbol{F}}^* & \boldsymbol{F}^*\end{pmatrix}\begin{pmatrix}\boldsymbol{A} & \boldsymbol{B}\\ \widetilde{\boldsymbol{A}} & \widetilde{\boldsymbol{B}}\end{pmatrix}
\tag{3.1.51}
$$

左乘$\widetilde{\boldsymbol{J}}^{-1}$得

$$
\begin{aligned}
\boldsymbol{E}&=\widetilde{\boldsymbol{J}}^{-1}\widetilde{\boldsymbol{J}}\\
&=\begin{pmatrix}\boldsymbol{Q}_{2n} & \boldsymbol{O}\\ \boldsymbol{O} & -\dfrac{Z_n}{Q_n}\boldsymbol{Q}_{2n}\end{pmatrix}\begin{pmatrix}\widetilde{\boldsymbol{S}}^* & \boldsymbol{S}^*\\ \widetilde{\boldsymbol{F}}^* & \boldsymbol{F}^*\end{pmatrix}\begin{pmatrix}\boldsymbol{A} & \boldsymbol{B}\\ \widetilde{\boldsymbol{A}} & \widetilde{\boldsymbol{B}}\end{pmatrix}\\
&=\begin{bmatrix}\boldsymbol{Q}_{2n}\widetilde{\boldsymbol{S}}^* & \boldsymbol{Q}_{2n}\boldsymbol{S}^*\\ -\dfrac{Z_n}{\Theta_n}\boldsymbol{Q}_{2n}\widetilde{\boldsymbol{F}}^* & -\dfrac{Z_n}{\Theta_n}\boldsymbol{Q}_{2n}\boldsymbol{F}^*\end{bmatrix}\begin{pmatrix}\boldsymbol{A} & \boldsymbol{B}\\ \widetilde{\boldsymbol{A}} & \widetilde{\boldsymbol{B}}\end{pmatrix}
\end{aligned}
\tag{3.1.52}
$$

因此

$$\begin{pmatrix} \boldsymbol{A} & \boldsymbol{B} \\ \widetilde{\boldsymbol{A}} & \widetilde{\boldsymbol{B}} \end{pmatrix} \begin{pmatrix} \boldsymbol{Q}_{2n}\widetilde{\boldsymbol{S}}^{*} & \boldsymbol{Q}_{2n}\boldsymbol{S}^{*} \\ -\dfrac{Z_n}{\Theta_n}\boldsymbol{Q}_{2n}\widetilde{\boldsymbol{F}}^{*} & -\dfrac{Z_n}{Q_n}\boldsymbol{Q}_{2n}\boldsymbol{F}^{*} \end{pmatrix} = \boldsymbol{E} \tag{3.1.53}$$

这就得到 $\boldsymbol{A}\boldsymbol{Q}_{2n}\boldsymbol{S}^{*} - \dfrac{Z_n}{\Theta_n}\boldsymbol{Q}_{2n}\widetilde{\boldsymbol{F}}^{*} = \boldsymbol{0}$，于是

$$\Theta_n \boldsymbol{A}\boldsymbol{Q}_{2n}\boldsymbol{S}^{*} = Z_n \boldsymbol{Q}_{2n}\boldsymbol{F}^{*} \tag{3.1.54}$$

反之，假设存在 $2n\times 2n$ 矩阵 $\boldsymbol{S}_1$ 和 $\boldsymbol{F}_1$，使 $\operatorname{rank}(\boldsymbol{S}_1 \oplus \boldsymbol{F}_1) = 2n$，且

$$\Theta_n \boldsymbol{A}\boldsymbol{Q}_{2n}\boldsymbol{S}_1^{*} = Z_n \boldsymbol{B}\boldsymbol{Q}_{2n}\boldsymbol{F}_1^{*} \tag{3.1.55}$$

即

$$(\boldsymbol{A} \oplus \boldsymbol{B}) \begin{pmatrix} \dfrac{1}{Z_n}\boldsymbol{Q}_{2n}\boldsymbol{S}_1^{*} & -\dfrac{1}{\Theta_n}\boldsymbol{Q}_{2n}\boldsymbol{F}_1^{*} \end{pmatrix}^{\mathrm{T}} = \boldsymbol{0} \tag{3.1.56}$$

由于 $\operatorname{rank}(\boldsymbol{A} \oplus \boldsymbol{B}) = 2n$，令 $\mathbb{J}$ 表示由 $(\boldsymbol{A} \oplus \boldsymbol{B})$ 的 $2n$ 个线性无关的矢量所张成的空间，矩阵 $\boldsymbol{R}_1 = \begin{pmatrix} \dfrac{1}{Z_n}\boldsymbol{Q}_{2n}\boldsymbol{S}_1^{*} & -\dfrac{1}{\Theta_n}\boldsymbol{Q}_{2n}\boldsymbol{F}_1^{*} \end{pmatrix}^{\mathrm{T}}$ 的列矢量都属于 $\mathbb{J}^{\perp}$. 又因为

$$\boldsymbol{R}_1 = \begin{pmatrix} \dfrac{1}{Z_n}\boldsymbol{Q}_{2n} & 0 \\ 0 & -\dfrac{1}{\Theta_n}\boldsymbol{Q}_{2n} \end{pmatrix} \begin{pmatrix} \boldsymbol{S}_1^{*} \\ \boldsymbol{F}_1^{*} \end{pmatrix} = \widetilde{\boldsymbol{J}}^{-1}(\boldsymbol{S}_1 \oplus \boldsymbol{F}_1)^{*} \tag{3.1.57}$$

根据 $\operatorname{rank}(\boldsymbol{S}_1 \oplus \boldsymbol{F}_1) = 2n$ 可推出 $\operatorname{rank}\boldsymbol{R}_1 = 2n$，这说明 $\boldsymbol{R}_1$ 的所有 $2n$ 个列矢量线性无关，因而是空间 $\mathbb{J}^{\perp}$ 的一组基. 由于 $\boldsymbol{S}, \boldsymbol{F}$ 与 $\boldsymbol{S}_1, \boldsymbol{F}_1$ 满足同样的条件，因此将上述讨论全部应用到 $\boldsymbol{S}, \boldsymbol{F}$ 上，可得矩阵

$$\boldsymbol{R} = \begin{pmatrix} \dfrac{1}{Z_n}\boldsymbol{Q}_{2n}\boldsymbol{S}^{*} - \dfrac{1}{\Theta_n}\boldsymbol{Q}_{2n}\boldsymbol{F}^{*} \end{pmatrix}^{\mathrm{T}}$$

的秩为 $2n$，且它的所有 $2n$ 个列矢量组成了空间 $\mathbb{J}^{\perp}$ 的一组基，因此必存在 $2n\times 2n$ 非奇异的矩阵 $\boldsymbol{C}$，使 $\boldsymbol{R}_1 = \boldsymbol{R}\boldsymbol{C}^{*}$，即

$$\boldsymbol{R}_1 = \widetilde{\boldsymbol{J}}^{-1}(\boldsymbol{S}_1 \oplus \boldsymbol{F}_1)^{*} = \widetilde{\boldsymbol{J}}^{-1}(\boldsymbol{S} \oplus \boldsymbol{F})^{*}\boldsymbol{C}^{*} \tag{3.1.58}$$

于是 $(\boldsymbol{S}_1 \oplus \boldsymbol{F}_1) = \boldsymbol{C}(\boldsymbol{S} \oplus \boldsymbol{F})$，即 $\boldsymbol{S}_1 = \boldsymbol{C}\boldsymbol{S}, \boldsymbol{F}_1 = \boldsymbol{C}\boldsymbol{F}$，这说明 $\boldsymbol{V}_1(z) = \boldsymbol{C}\boldsymbol{V}(z)$，

因此 $\boldsymbol{V}_1(z)=\boldsymbol{0}$ 为 $\boldsymbol{U}(y)=\boldsymbol{0}$ 的共轭边界条件.

根据自共轭算子的定义和定理 3.1.7,容易得到下面的结论.

引理 3.1.1 微分算子 T 是自共轭的当且仅当 $\boldsymbol{U}(y)=\boldsymbol{AY}(a)+\boldsymbol{BY}(b)=\boldsymbol{0}$ 是自共轭边界条件.

定理 3.1.8 算子 T 是自共轭的充要条件为 $\Theta_n\boldsymbol{AQ}_{2n}\boldsymbol{A}^*=Z_n\boldsymbol{BQ}_{2n}\boldsymbol{B}^*$.

3.1.4 特征值的分布

令 $\boldsymbol{I}$ 表示 $2n$ 阶单位阵.引入记号

$$\boldsymbol{\Phi}_m(x,\lambda)=\begin{pmatrix}\varphi_{m1}(x,\lambda) & \varphi_{m2}(x,\lambda) & \cdots & \varphi_{m,2n}(x,\lambda)\\ \varphi_{m1}^{[1]}(x,\lambda) & \varphi_{m2}^{[1]}(x,\lambda) & \cdots & \varphi_{m,2n}^{[1]}(x,\lambda)\\ \vdots & \vdots & & \vdots\\ \varphi_{m1}^{[2n-1]}(x,\lambda) & \varphi_{m2}^{[2n-1]}(x,\lambda) & \cdots & \varphi_{m,2n}^{[2n-1]}(x,\lambda)\end{pmatrix}$$

$$x\in(c_{m-1},c_m),\ \lambda\in C,m=1,2,\cdots,n+1$$

它们的 Wronski 行列式

$$\boldsymbol{W}_m(x,\lambda)=\det\boldsymbol{\Phi}_m(x,\lambda)$$

与 x 无关.设 $\varphi_{m1},\varphi_{m2},\cdots,\varphi_{m,2n}$ 是方程 $\ell(y)=\lambda y,x\in(c_{m-1},c_m)$,满足初始条件

$$\boldsymbol{\Phi}_{m+1}=\begin{cases}\boldsymbol{I}, & m=0\\ \varphi_{m+1,j}^{[r-1]}(c_m,\lambda), & m=1,2,\cdots,n\end{cases}\tag{3.1.59}$$

的解,其中

$$\varphi_{m+1,j}^{[r-1]}(c_m,\lambda)=(-1)^r\frac{1}{\theta_m}\sum_{s=1}^{2n}\det\boldsymbol{G}_{rs}^m\varphi_{mj}^{[s-1]}(c_m,\lambda)$$

$\boldsymbol{G}_{rs}^m$ 是去掉矩阵 $\boldsymbol{D}_m$ 的第 r 列,再把矩阵 $\boldsymbol{C}_m$ 的第 s 列放到第 1 列所形成的新矩阵,于是

$$\boldsymbol{W}_1(x,\lambda)=\det\boldsymbol{\Phi}_1(a,\lambda)=1\tag{3.1.60}$$

因为

$$\varphi_{m+1,j}^{[r-1]}(c_m,\lambda)=(-1)^r\frac{1}{\theta_m}\sum_{s=1}^{2n}\det\boldsymbol{G}_{rs}^m\varphi_{mj}^{[s-1]}(c_m,\lambda)\tag{3.1.61}$$

即有

$$\varphi_{m+1,j}^{[r-1]}(c_m,\lambda)=-\frac{1}{\theta_m}\sum_{p=1}^{2n}\sum_{s=1}^{2n}c_{ps}^{m}\varphi_{mj}^{[s-1]}(c_m,\lambda)D_{pr}^{m}\quad(3.1.62)$$

其中 D_{pr}^{m} 是 d_{pr}^{m} 的代数余子式,所以

$$\begin{aligned}\boldsymbol{W}_{m+1}(\lambda)&=\det\boldsymbol{\Phi}_{m+1}(x,\lambda)\\&=\det\boldsymbol{\Phi}_{m+1}(c_m,\lambda)\\&=\det\left[-\frac{1}{\theta_m}\widetilde{\boldsymbol{D}}_m\boldsymbol{C}_m\boldsymbol{\Phi}_m(c_m,\lambda)\right]\\&=\frac{1}{\theta_m^{2n}}\rho_m\det\widetilde{\boldsymbol{D}}_m\det\boldsymbol{\Phi}_m(c_m,\lambda)\\&=\frac{1}{\theta_m^{2n}}\theta_m^{2n-1}\rho_m\det\boldsymbol{\Phi}_1(c_1,\lambda)\\&=\frac{Z_m}{\Theta_m}\boldsymbol{W}_1(\lambda)\neq 0,m=1,2,\cdots,n\end{aligned}\quad(3.1.63)$$

其中 $\widetilde{\boldsymbol{D}}_m$ 是 $\boldsymbol{D}_m$ 的伴随矩阵. 因此 $\varphi_{m1},\varphi_{m2},\cdots,\varphi_{m,2n}$ 是方程 $\ell(y)=\lambda y$, $x\in(c_{m-1},c_m)$, $m=1,2,\cdots,n$ 的线性无关解. 令

$$\boldsymbol{\Phi}_j(x,\lambda)=\varphi_{mj}(x,\lambda),x\in(c_{m-1},c_m)\quad(3.1.64)$$

则 $\boldsymbol{\Phi}_1(x,\lambda),\boldsymbol{\Phi}_2(x,\lambda),\cdots,\boldsymbol{\Phi}_{2n}(x,\lambda)$ 是方程 $\ell(y)=\lambda y,x\in\boldsymbol{I}$,满足转移条件(3.1.5)的线性无关解.

引理 3.1.2　设 $u(x)=u_m(x),x\in(c_{m-1},c_m),m=1,2,\cdots,n+1$,是 $\ell(y)=\lambda y$ 的任意解,它可以表示为

$$u(x)=\sum_{j=1}^{2n}c_{mj}\varphi_{mj}(x,\lambda),x\in(c_{m-1},c_m)\quad(3.1.65)$$

其中 $c_{mj}\in\mathbb{C}$,若 $u(x)$ 满足转移条件(3.1.5),则 $c_{mj}=c_{m+1,j}$, $m=1,2,\cdots,n$.

证明　将 $u(x)$ 代入转移条件(3.1.5)中,得到

$$\begin{aligned}&\boldsymbol{C}_m\boldsymbol{\Phi}_m(c_m,\lambda)(c_{m1},c_{m2},\cdots,c_{m,2n})^{\mathrm{T}}+\\&\boldsymbol{D}_m\boldsymbol{\Phi}_{m+1}(c_m,\lambda)(c_{m+1,1},c_{m+1,2},\cdots,c_{m+1,2n})^{\mathrm{T}}=\boldsymbol{0}\end{aligned}\quad(3.1.66)$$

$$\begin{aligned}&\boldsymbol{C}_m\boldsymbol{\Phi}_m(c_m,\lambda)(c_{m1},c_{m2},\cdots,c_{m,2n})^{\mathrm{T}}-\\&\frac{1}{\theta_m}\boldsymbol{D}_m\widetilde{\boldsymbol{D}}_m\boldsymbol{C}_m\boldsymbol{\Phi}_{m+1}(c_m,\lambda)(c_{m+1,1},c_{m+1,2},\cdots,c_{m+1,2n})^{\mathrm{T}}=\boldsymbol{0}\end{aligned}\quad(3.1.67)$$

$$\boldsymbol{C}_m\boldsymbol{\Phi}_m(c_m,\lambda)(c_{m1}-c_{m+1,1},c_{m2}-c_{m+1,2},\cdots,c_{m,2n}-c_{m+1,2n})^{\mathrm{T}}=\boldsymbol{0} \tag{3.1.68}$$

又因为

$$\det\boldsymbol{C}_m=\rho_m>0,\boldsymbol{W}_1(\lambda)=1,\boldsymbol{W}_{m+1}(\lambda)=\frac{Z_m}{\Theta_m}\boldsymbol{W}_1(\lambda)\neq 0$$

所以方程只有零解，则 $c_{mj}=c_{m+1,j}$，$m=1,2,\cdots,n$.

定理 3.1.9 复数 λ_* 是 T 的特征值当且仅当

$$\Delta(\lambda_*)=\det(\boldsymbol{A}+\boldsymbol{B\Phi}_{n+1}(b,\lambda_*))=0$$

证明 设复数 λ_* 是 T 的特征值，$u_*(x)$是相应的特征函数. 由引理 3.1.2 可知，存在不全为零的常数 $c_1,c_2,\cdots,c_{2n}$，使

$$u_*(x)=\sum_{j=1}^{2n}c_j\varphi_{mj}(x,\lambda),x\in(c_{m-1},c_m) \tag{3.1.69}$$

将 $u_*(x)$代入边界条件(3.1.3)中，通过简单的计算得到

$$[\boldsymbol{A}+\boldsymbol{B\Phi}_{n+1}(b,\lambda_*)](c_1,c_2,\cdots,c_{2n})^{\mathrm{T}}=\boldsymbol{0} \tag{3.1.70}$$

因为 $c_1,c_2,\cdots,c_{2n}$ 不全为零，所以 $\det(\boldsymbol{A}+\boldsymbol{B\Phi}_{n+1}(b,\lambda_*))=0$，关于 b_1，$b_2,\cdots,b_{2n}$ 的齐次线性方程组

$$[\boldsymbol{A}+\boldsymbol{B\Phi}_{n+1}(b,\lambda_*)](b_1,b_2,\cdots,b_{2n})^{\mathrm{T}}=\boldsymbol{0} \tag{3.1.71}$$

有非零解 $c_1,c_2,\cdots,c_{2n}$. 令

$$u_*(x)=\sum_{j=1}^{2n}c_j\varphi_{mj}(x,\lambda),x\in(c_{m-1},c_m) \tag{3.1.72}$$

则 $u_*(x)$为 $\ell(y)=\lambda_* y$ 满足条件(3.1.3)～(3.1.5)的非零解，所以 λ_* 是 T 的特征值.

推论 3.1.1 问题(3.1.2)～(3.1.5)最多只有可数个特征值，而且不可能有有限聚点.

证明 由定理 3.1.9 可知，问题(3.1.2)～(3.1.5)的特征值是整函数

$$\det(\boldsymbol{A}+\boldsymbol{B\Phi}_{n+1}(b,\lambda))$$

的零点. 又因为任何虚部不为零的 λ 不是自共轭算子的特征值，因此 $\det(\boldsymbol{A}+\boldsymbol{B\Phi}_{n+1}(b,\lambda))\neq 0$，从而可知 $\det(\boldsymbol{A}+\boldsymbol{B\Phi}_{n+1}(b,\lambda))$不可能恒为

零.根据整函数的零点分布性质可得,问题(3.1.2)~(3.1.5)最多只有可数个特征值,而且不可能有有限值的聚点.

3.2　特征函数系的完备性

本节继续讨论问题(3.1.2)~(3.1.5),结合紧算子的谱理论及逆算子相关的性质,证明其特征函数系的完备性.

记 $\Delta(\lambda)=\det(\boldsymbol{A}+\boldsymbol{B\Phi}_{n+1}(b,\lambda))$,$\Omega=\{\lambda\in\mathbb{C}\mid\Delta(\lambda)\neq0\}$,即 λ 不是算子 T 的特征值.对于任意的 $x,\xi\in(c_{m-1},c_m)$,$\lambda\in\mathbb{C}$,$m=1,2,n+1$,记

$$M_m(x,\xi,\lambda)=\begin{vmatrix}\varphi_{m1}(\xi,\lambda) & \varphi_{m2}(\xi,\lambda) & \cdots & \varphi_{m,2n}(\xi,\lambda)\\ \varphi_{m1}^{[1]}(\xi,\lambda) & \varphi_{m2}^{[1]}(\xi,\lambda) & \cdots & \varphi_{m,2n}^{[1]}(\xi,\lambda)\\ \vdots & \vdots & & \vdots\\ \varphi_{m1}^{[2n-2]}(\xi,\lambda) & \varphi_{m2}^{[2n-2]}(\xi,\lambda) & \cdots & \varphi_{m,2n}^{[2n-2]}(\xi,\lambda)\\ \varphi_{m1}(x,\lambda) & \varphi_{m2}(x,\lambda) & \cdots & \varphi_{m,2n}(x,\lambda)\end{vmatrix}\tag{3.2.1}$$

$$N_m(x,\xi,\lambda)=\begin{vmatrix}\varphi_{11}(\xi,\lambda) & \varphi_{12}(\xi,\lambda) & \cdots & \varphi_{1,2n}(\xi,\lambda)\\ \varphi_{11}^{[1]}(\xi,\lambda) & \varphi_{12}^{[1]}(\xi,\lambda) & \cdots & \varphi_{1,2n}^{[1]}(\xi,\lambda)\\ \vdots & \vdots & & \vdots\\ \varphi_{11}^{[2n-2]}(\xi,\lambda) & \varphi_{12}^{[2n-2]}(\xi,\lambda) & \cdots & \varphi_{1,2n}^{[2n-2]}(\xi,\lambda)\\ \varphi_{m1}(x,\lambda) & \varphi_{m2}(x,\lambda) & \cdots & \varphi_{m,2n}(x,\lambda)\end{vmatrix}\tag{3.2.2}$$

$$e_j=\begin{vmatrix}\varphi_{11}(c_1,\lambda) & \cdots & \varphi_{1,j-1}(c_1,\lambda) & u_1(c_1,\lambda) & \varphi_{1,j+1}(c_1,\lambda) & \cdots & \varphi_{1,2n}(c_1,\lambda)\\ \varphi_{11}^{[1]}(c_1,\lambda) & \cdots & \varphi_{1,j-1}^{[1]}(c_1,\lambda) & u_1^{[1]}(c_1,\lambda) & \varphi_{1,j+1}^{[1]}(c_1,\lambda) & \cdots & \varphi_{1,2n}^{[1]}(c_1,\lambda)\\ \vdots & & \vdots & \vdots & \vdots & \vdots & \vdots\\ \varphi_{11}^{[2n-1]}(c_1,\lambda) & \cdots & \varphi_{1,j-1}^{[2n-1]}(c_1,\lambda) & u_1^{[2n-1]}(c_1,\lambda) & \varphi_{1,j+1}^{[2n-1]}(c_1,\lambda) & \cdots & \varphi_{1,2n}^{[2n-1]}(c_1,\lambda)\end{vmatrix}\tag{3.2.3}$$

考虑非齐次初值问题

$$\begin{cases}\ell(y)=\lambda y+f(x),x\in I\\ U_i(y)=\sum_{j=1}^{2n}[a_{ij}y^{[j-1]}(a)+b_{ij}y^{[j-1]}(b)]\\ \boldsymbol{C}_m\boldsymbol{Y}(c_m-0)+\boldsymbol{D}_m\boldsymbol{Y}(c_m+0)=\boldsymbol{0},m=1,2,\cdots,n\end{cases}\tag{3.2.4}$$

令 $u_m(x,\lambda)=\sum_{j=1}^{2n}d_{mj}(x,\lambda)\varphi_{mj}(x,\lambda)$ 是方程 $\ell(y)=\lambda y+f_m, x\in(c_{m-1},c_m)m=1,2,m,n+1$,一个特解,其中 $d_{mj}(x,\lambda)$ 是待定系数. 根据常数变易法可得

$$\sum_{j=1}^{2n}d'_{mj}(x,\lambda)\varphi_{mj}^{[i-1]}(x,\lambda)=0, i=1,2,\cdots,2n-1 \tag{3.2.5}$$

$$\sum_{j=1}^{2n}d'_{mj}(x,\lambda)\varphi_{mj}^{[2n-1]}(x,\lambda)=-f_m \tag{3.2.6}$$

因此得到方程 $\ell(y)=\lambda y+f_m, x\in(c_{m-1},c_m)$ 的通解

$$u_m(x,\lambda)=\begin{cases}\int_a^x f_1(\xi)M_1(x,\xi,\lambda)\mathrm{d}\xi+\\ \quad\sum_{j=1}^{2n}e_{1j}\varphi_{1j}(x,\lambda), m=1\\ -\frac{\Theta_m}{Z_m}\int_{c_m}^x f_{m+1}(\xi)M_{m+1}(x,\xi,\lambda)\mathrm{d}\xi+\\ \quad\sum_{j=1}^{2n}e_{m+1,j}\varphi_{m+1,j}(x,\lambda)\\ \quad m=2,3,\cdots,n+1\end{cases} \tag{3.2.7}$$

其中 $e_{mj}\in\mathbb{C}$. 于是得

$$e_{m+1,j}=\begin{vmatrix}\varphi_{11}(c_1,\lambda) & \cdots & u_1(c_1,\lambda) & \cdots & \varphi_{1,2n}(c_1,\lambda)\\ \varphi_{11}^{[1]}(c_1,\lambda) & \cdots & u_1^{[1]}(c_1,\lambda) & \cdots & \varphi_{1,2n}^{[1]}(c_1,\lambda)\\ \vdots & & \vdots & & \vdots\\ \varphi_{11}^{[2n-1]}(c_1,\lambda) & \cdots & u_1^{[2n-1]}(c_1,\lambda) & \cdots & \varphi_{1,2n}^{[2n-1]}(c_1,\lambda)\end{vmatrix}=e_j \tag{3.2.8}$$

其中 $(u_1(c_1,\lambda),u_1^{[1]}(c_1,\lambda),\cdots,u_1^{[2n-1]}(c_1,\lambda))^{\mathrm{T}}$ 是 $e_{m+1,j}$ 的第 j 列. 计算得到

$$e_{m+1,j}=e_{1j}+(-1)^{(j+1)}\int_a^{c_1}f_1(\xi)M_{1j}(\xi,\lambda)\mathrm{d}\xi \tag{3.2.9}$$

这里 $M_{1j}(\xi,\lambda)$ 是 $\varphi_{1y}^{[2n-1]}(x,\lambda)$ 的余子式. 于是得

$$u_{m+1}(x,\lambda)=-\frac{\Theta_m}{Z_m}\int_{c_m}^{x}f_{m+1}(\xi)M_{m+1}(x,\xi,\lambda)\mathrm{d}\xi-\int_{a}^{c_1}f_1(\xi)N_{m+1}(x,\xi,\lambda)\mathrm{d}\xi+\sum_{j=1}^{2n}e_{1j}\varphi_{m+1,j}(x,\lambda) \tag{3.2.10}$$

其中 $m=1,2,\cdots,n$.

记 $F_m=(c_m,c_{m+1})\cup\cdots\cup\cdots\cup(c_n,b)(m=1,2,\cdots,n)$，$I_{m-1}=(c_2,c_3)\cup\cdots\cup\cdots\cup(c_{m-1},c_m)(m=3,4,\cdots,n+1)$，$L_m=[c_{m-1},c_m]$. 令

$$G_1(x,\xi,\lambda)=\begin{cases}-M_1(x,\xi,\lambda), & c_0\leqslant\xi\leqslant x\leqslant c_1\\ 0, & c_0\leqslant x\leqslant\xi\leqslant c_1\\ 0, & x\in L_1,\xi\in F_1\end{cases} \tag{3.2.11}$$

$$G_2(x,\xi,\lambda)=\begin{cases}-N_2(x,\xi,\lambda), & \xi\in L_1,x\in F_2\\ -\dfrac{\Theta_1}{Z_1}M_2(x,\xi,\lambda), & c_1\leqslant\xi\leqslant x\leqslant c_2\\ 0, & c_1\leqslant x\leqslant\xi\leqslant c_2\\ 0, & x\in L_2,\xi\in F_2\end{cases} \tag{3.2.12}$$

$$G_m(x,\xi,\lambda)=\begin{cases}-N_m(x,\xi,\lambda), & \xi\in L_1,x\in L_m\\ -\dfrac{\Theta_{m-1}}{Z_{m-1}}M_m(x,\xi,\lambda), & c_{m-1}\leqslant\xi\leqslant x\leqslant c_m\\ 0, & c_{m-1}\leqslant x\leqslant\xi\leqslant c_m\\ 0, & x\in L_m,\xi\in(I_{m-1}\cup F_m)\end{cases} \tag{3.2.13}$$

$$G_{n+1}(x,\xi,\lambda)=\begin{cases}-N_{n+1}(x,\xi,\lambda), & \xi\in L_1,x\in L_{n+1}\\ -\dfrac{\Theta_n}{Z_n}M_{n+1}(x,\xi,\lambda), & c_n\leqslant\xi\leqslant x\leqslant c_{n+1}\\ 0, & c_n\leqslant x\leqslant\xi\leqslant c_{n+1}\\ 0, & x\in L_{n+1},\xi\in I_n\end{cases} \tag{3.2.14}$$

于是

$$u_m(x,\lambda)=\int_{c_m}^{c_{m+1}}G_m(x,\xi,\lambda)f(\xi)\mathrm{d}\xi+\sum_{j=1}^{2n}e_{mj}\varphi_{mj}(x,\lambda) \tag{3.2.15}$$

因此方程 $\ell(y)=\lambda y+f$ 的通解为

$$u(x,\lambda)=\int_a^b K(x,\xi,\lambda)f(\xi)\mathrm{d}\xi+\sum_{j=1}^{2n}e_{1j}\boldsymbol{\Phi}_j(x,\lambda) \tag{3.2.16}$$

其中 $K(x,\xi,\lambda)=G_m(x,\xi,\lambda),x\in(c_{m-1},c_m),m=1,2,\cdots,n+1,\xi\in I$. 根据 $K(x,\xi,\lambda)$的表达式,可验证如下性质:

(1)对于每一个 $\lambda\in\Omega$,当$(x,\xi)\in(c_{m-1},c_m)\times(a,c_1),(c_{m-1},c_m)\times(c_{m-1},c_m),(c_{m-1},c_m)\times F_m(m=1,2,\cdots,n)$及$(c_{m-1},c_m)\times I_{m-1}(m=3,\cdots,n)$时,$K(x,\xi,\lambda)$是连续的,对于固定的$(x,\xi)$,$K(x,\xi,\lambda)$是 λ 的全纯函数.

(2)对于每一个 $\lambda\in\Omega$,当给定的 $\xi\in(c_{m-1},c_m)$时,

$$\frac{\partial^{[2n-1]}}{\partial x^{[2n-1]}}K(\xi+0,\xi,\lambda)-\frac{\partial^{[2n-1]}}{\partial x^{[2n-1]}}K(\xi-0,\xi,\lambda)=-1 \tag{3.2.17}$$

(3)对每个 $\lambda\in\Omega$,作为 x 的函数,当 $x\neq\xi$ 时,$\ell(K)=\lambda K$.

为了求得非齐次边值问题的解,将以上通解 $u(x,\lambda)$代入边界条件中,得到

$$\sum_{j=1}^{2n}e_{1j}U_j[\boldsymbol{\Phi}_j(x,\lambda)]=-\int_a^b U_j(K)f(\xi)\mathrm{d}\xi \tag{3.2.18}$$

在关于 e_{1j} 的方程组中,系数矩阵行列式

$$\begin{vmatrix} U_1[\boldsymbol{\Phi}_1(x,\lambda)] & U_1[\boldsymbol{\Phi}_2(x,\lambda)] & \cdots & U_1[\boldsymbol{\Phi}_{2n}(x,\lambda)] \\ U_2[\boldsymbol{\Phi}_1(x,\lambda)] & U_2[\boldsymbol{\Phi}_2(x,\lambda)] & \cdots & U_2[\boldsymbol{\Phi}_{2n}(x,\lambda)] \\ \vdots & \vdots & & \vdots \\ U_{2n}[\boldsymbol{\Phi}_1(x,\lambda)] & U_{2n}[\boldsymbol{\Phi}_2(x,\lambda)] & \cdots & U_{2n}[\boldsymbol{\Phi}_{2n}(x,\lambda)] \end{vmatrix}=\Delta(\lambda) \tag{3.2.19}$$

若 λ 不是 Δ 的零点,则 e_{1j} 有唯一解,且

$$e_{1j}=-\frac{1}{\Delta(\lambda)}\int_a^b A_j(\xi,\lambda)f(\xi)\mathrm{d}\xi \tag{3.2.20}$$

其中

$$A_j(\xi,\lambda)=\begin{vmatrix} U_1(\boldsymbol{\Phi}_1) & \cdots & U_1(\boldsymbol{\Phi}_{j-1}) & U_1(K) & U_1(\boldsymbol{\Phi}_{j+1}) & \cdots & U_1(\boldsymbol{\Phi}_{2n}) \\ U_2(\boldsymbol{\Phi}_1) & \cdots & U_2(\boldsymbol{\Phi}_{j-1}) & U_2(K) & U_2(\boldsymbol{\Phi}_{j+1}) & \cdots & U_2(\boldsymbol{\Phi}_{2n}) \\ \vdots & & \vdots & \vdots & \vdots & & \vdots \\ U_{2n}(\boldsymbol{\Phi}_1) & \cdots & U_{2n}(\boldsymbol{\Phi}_{j-1}) & U_{2n}(K) & U_{2n}(\boldsymbol{\Phi}_{j+1}) & \cdots & U_{2n}(\boldsymbol{\Phi}_{2n}) \end{vmatrix} \tag{3.2.21}$$

则

$$\begin{aligned}&\sum_{j=1}^{2n} A_j(\xi,\lambda)\boldsymbol{\Phi}_j(x,\lambda)\\ &=\begin{vmatrix} U_1(\boldsymbol{\Phi}_1) & U_1(\boldsymbol{\Phi}_2) & \cdots & U_1(\boldsymbol{\Phi}_{2n}) & U_1(K) \\ U_2(\boldsymbol{\Phi}_1) & U_2(\boldsymbol{\Phi}_2) & \cdots & U_2(\boldsymbol{\Phi}_{2n}) & U_2(K) \\ \vdots & \vdots & & \vdots & \vdots \\ U_{2n}(\boldsymbol{\Phi}_1) & U_{2n}(\boldsymbol{\Phi}_2) & \cdots & U_{2n}(\boldsymbol{\Phi}_{2n}) & U_{2n}(K) \\ \boldsymbol{\Phi}_1(x,\lambda) & \boldsymbol{\Phi}_2(x,\lambda) & \cdots & \boldsymbol{\Phi}_{2n}(x,\lambda) & 0 \end{vmatrix} \qquad (3.2.22)\\ &=B(x,\xi,\lambda)\end{aligned}$$

令

$$G(x,\xi,\lambda)=K(x,\xi,\lambda)+\frac{1}{\Delta(\lambda)}B(x,\xi,\lambda) \tag{3.2.23}$$

则非齐次边值问题有唯一的解

$$\begin{aligned}u_*(x,\lambda)&=\sum_{m=0}^{n}\int_{c_m}^{c_{m+1}}G_m(x,\xi,\lambda)f(\xi)\mathrm{d}\xi\\ &=\int_a^b G(x,\xi,\lambda)f(\xi)\mathrm{d}\xi\end{aligned} \tag{3.2.24}$$

定义 3.2.1　$G(x,\xi,\lambda)$称为 Green 函数.

定理 3.2.1　若 λ 不是算子 T 的特征值,则对任意的 $f\in L^2(I)$,方程 $(T-\lambda I)y=f$ 有唯一解 $u_*(x,\lambda)=\int_a^b G(x,\xi,\lambda)f(\xi)\mathrm{d}\xi$,其中 $G(x,\xi,\lambda)$是定义在 $I\times I\times\Omega$ 上的函数,满足以下性质:

(1)对于每个 $\lambda\in\Omega$,当 $k=0,1,\cdots,2n-2$,$(x,\xi)\in(c_{m-1},c_m)\times(a,c_1)$,$(c_{m-1},c_m)\times(c_{m-1},c_m)$,$(c_{m-1},c_m)\times F_m\,(m=1,2,\cdots,n)$及$(c_{m-1},c_m)\times I_{m-1}(m=3,4,\cdots,n)$时,$\dfrac{\partial^{[k]}}{\partial x^{[k]}}G(x,\xi,\lambda)$是连续的;当 $k=$

$2n-1,2n$ 时，$(x,\xi)\in(c_{m-1},c_m)\times(a,c_1),(c_{m-1},c_m)\times(c_{m-1},c_m)$，$(c_{m-1},c_m)\times F_m(m=1,2,\cdots,n),(c_{m-1},c_m)\times I_{m-1}(m=3,4,\cdots,n)$及 $c_{m-1}<\xi\leqslant x<c_m,c_{m-1}<x\leqslant\xi<c_m$ 时，$\frac{\partial^{[k]}}{\partial x^{[k]}}G(x,\xi,\lambda)$是连续的；对于给定的$(x,\xi)\in I\times I,G(x,\xi,\lambda)$是关于 λ 的半纯函数，即极点是 T 的特征值.

(2)对每个 $\lambda\in\Omega$，给定 $\xi\in(c_{m-1},c_m)$时，有

$$\frac{\partial^{[2n-1]}}{\partial x^{[2n-]}}G(\xi+0,\xi,\lambda)-\frac{\partial^{[2n-1]}}{\partial x^{[2n-1]}}G(\xi-0,\xi,\lambda)=-1$$

(3)对给定的 $\lambda\in\Omega$，作为 x 的函数，当 $x\neq\xi$ 时，$\ell(G)=\lambda G$.

(4)对给定的 $\lambda\in\Omega$，作为 x 的函数，当 $x\neq\xi$ 时，$U_i(G)=0$，$C_mG(c_m-0)+D_mG(c_m+0)=\mathbf{0}$.

综上所述，T^{-1} 是定义在全空间 H 上的. 由闭图像定理和 T 是自共轭算子可知 T^{-1} 是自共轭的，因此 $\lambda\in\rho(T),\sigma(T)=\sigma_p(T)$.

引理 3.2.1 如果 λ 是 T 的特征值，$y(x)$是相应的特征函数，那么$\frac{1}{\lambda}$是 T^{-1} 的特征值，$y(x)$是相应于$\frac{1}{\lambda}$的特征函数. 反之亦然.

根据引理 3.2.1 可知，算子 T 与 T^{-1} 的特征值互为倒数，它们的特征函数相同，因此关于算子 T 的特征值分布及特征函数展开式的问题可以转化为算子 T^{-1} 的相应问题来讨论.

注 3.2.1 0 不是算子 T^{-1} 的特征值.

定理 3.2.2 算子 T^{-1} 是紧的.

证明 令$\{\mu_1,\mu_2,\cdots\}$是算子 T^{-1} 的特征值，$\{P_1,P_2,\cdots\}$是相应特征子空间上有穷秩正交投影算子，由于$\{\mu_1,\mu_2,\cdots\}$是有界序列且$\{P_n\}$是正交的，对于任意的 $\alpha>0$，$|\mu_n|>\alpha$ 的 μ_n 个数是有限的，并且$\{P_n\}$是有穷秩的，因此 $\sum\limits_{n=1}^{\infty}\mu_nP_n$ 强收敛于 T^{-1}，即 $T^{-1}=\sum\limits_{n=1}^{\infty}\mu_nP_n$，则 T^{-1} 是紧的.

定理 3.2.3　T^{-1} 具有可数个实的特征值$\{\mu_n, n\in\mathbb{N}\}$，满足$|\mu_1|>|\mu_2|>\cdots>|\mu_n|>\cdots\to 0$，设其相应的标准正交特征函数系为$\{y_n(x)\}$，则$\{y_n(x)\}$是 H 中的完备正交系.

对任意 $f\in H$，有

$$f=\sum_{n=1}^{\infty}<f,y_n>y_n, T^{-1}f=\sum_{n=1}^{\infty}\mu_n<f,y_n>y_n \quad (3.2.25)$$

结合紧算子的谱理论可得下面结论.

定理 3.2.4　(1)算子 T 有可数个实的特征值$\{\lambda_n, n\in\mathbb{N}\}$，满足

$$|\lambda_1|<|\lambda_2|<\cdots<|\lambda_n|<\cdots\to\infty \quad (3.2.26)$$

(2)算子 T 的标准正交特征函数系$\{y_n(x)\}$是 H 中的完备正交系，对任意 $f\in H$，有

$$f=\sum_{n=1}^{\infty}<f,y_n>y_n, Tf=\sum_{n=1}^{\infty}\lambda_n<f,y_n>y_n \quad (3.2.27)$$

例 3.2.1　考虑非连续 Sturm-Liouville 问题

$$\begin{cases}-y''=\lambda y, x\in\left[0,\dfrac{\pi}{2}\right)\cup\left(\dfrac{\pi}{2},\pi\right]\\ y'(0)=y'(\pi)=0\\ y\left(\dfrac{\pi}{2}+0\right)=2y\left(\dfrac{\pi}{2}-0\right)\\ y'\left(\dfrac{\pi}{2}+0\right)=\dfrac{1}{2}y\left(\dfrac{\pi}{2}-0\right)\end{cases} \quad (3.2.28)$$

其中 $y\left(\frac{\pi}{2}+0\right)=\lim\limits_{x\to\frac{\pi}{2}+0}y(x), y\left(\frac{\pi}{2}-0\right)=\lim\limits_{x\to\frac{\pi}{2}-0}y(x)$.

由定理 3.2.4，该问题有可数个实的特征值$\{\lambda_n, n=1,2,\cdots\}$满足式(3.2.26)，且特征函数系$\{y_n(x)\}$是 H 中的完备正交系.

另外，经过简单计算可知，问题(3.2.28)的特征值及特征函数分别为

$$\lambda_n = n^2$$

$$y_n(x)=\sqrt{\frac{2}{\pi}}\begin{cases}\cos nx, x\in\left[0,\dfrac{\pi}{2}\right)\\ 2\cos\left[n\left(x-\dfrac{\pi}{2}\right)\right]\cos\dfrac{n\pi}{2}-\\ \dfrac{1}{2}\sin\left[n\left(x-\dfrac{\pi}{2}\right)\right]\sin\dfrac{n\pi}{2}, x\in\left(\dfrac{\pi}{2},\pi\right]\end{cases}$$

其中 $n=1,2,\cdots$. 显然，定理 3.2.4 的结论成立.

3.3 特征值及特征函数的求解

本节考虑非连续 Sturm-Liouville 方程

$$\ell(y)=-(py')'+qy=\lambda y, x\in[a,c)\cup(c,b] \tag{3.3.1}$$

其中

$$p=\begin{cases}\dfrac{1}{p_1^2}, & x\in[a,c)\\ \dfrac{1}{p_2^2}, & x\in(c,b]\end{cases},\quad q=\begin{cases}q_1, & x\in[a,c)\\ q_2, & x\in(c,b]\end{cases} \tag{3.3.2}$$

常数 $p_i\in\mathbb{R}$. $i=1,2$, $q(x)\in L^1([a,c)\cup(c,b],\mathbb{R})$, $\lambda\in\mathbb{C}$ 是谱参数. 对 Sturm-Liouville 方程(3.3.1)赋予谱参数依赖的边界条件

$$l_1(y)=\lambda[\alpha_1' y(a)-\alpha_2' y'(a)]-[\alpha_1 y(a)-\alpha_2 y'(a)]=0 \tag{3.3.3}$$

$$l_2(y)=\lambda[\beta_1' y(b)-\beta_2' y'(b)]+[\beta_1 y(b)-\beta_2 y'(b)]=0 \tag{3.3.4}$$

以及转移条件

$$l_3(y)=y(c+0)-\alpha_3 y(c-0)-\beta_3 y'(c-0)=0 \tag{3.3.5}$$

$$l_4(y)=y'(c+0)-\alpha_4 y(c-0)-\beta_4 y'(c-0)=0 \tag{3.3.6}$$

其中 $\alpha_i,\beta_i,\alpha_j',\beta_j'\in\mathbb{R}$, $i=1,2,3,4$, $j=1,2$. 边条件以及转移条件满足

$$\xi=\alpha_3\beta_4-\beta_3\alpha_4>0, Q_1=\alpha_1'\alpha_2-\alpha_1\alpha_2'>0, Q_2=\beta_1'\beta_2-\beta_1\beta_2'>0 \tag{3.3.7}$$

3.3.1 预备知识

在 Hilbert 空间中，引入一个特别的内积空间 $H=L^2([a,c)\cup(c,b])$

$\oplus \mathbb{C}^2$,对于 $f,g\in L^2([a,c)\cup(c,b])$,$u_i,v_i\in\mathbb{C}$,$i=1,2$,定义内积

$$\langle \boldsymbol{F},\boldsymbol{G}\rangle_H = p_1^2\int_a^c f(x)\overline{g(x)}\mathrm{d}x + \frac{p_2^2}{\xi}\int_c^b f(x)\overline{g(x)}\mathrm{d}x + \frac{1}{Q_1}u_1(x)\overline{v_1(x)} + \frac{1}{Q_2\xi}u_2(x)\overline{v_2(x)} \tag{3.3.8}$$

其中

$$\boldsymbol{F}=(f(x),u_1(x),u_2(x)),\boldsymbol{G}=(g(x),v_1(x),v_2(x)) \tag{3.3.9}$$

为方便叙述,引入下列记号:

$$\begin{aligned} M_a(y)&=\alpha_1 y(a)-\alpha_2 y'(a)\\ M'_a(y)&=\alpha'_1 y(a)-\alpha'_2 y'(a)\end{aligned} \tag{3.3.10}$$

$$\begin{aligned} M_b(y)&=\beta_1 y(b)-\beta_2 y'(b)\\ M'_b(y)&=\beta'_1 y(b)-\beta'_2 y'(b)\end{aligned} \tag{3.3.11}$$

以及 $L^2([a,c)\cup(c,b])$ 中的

$$<f,g>=p_1^2\int_a^c f(x)\overline{g(x)}\mathrm{d}x+\frac{p_2^2}{\xi}\int_a^b f(x)\overline{g(x)}\mathrm{d}x \quad \forall f,g\in L^2([a,c)\cup(c,b]) \tag{3.3.12}$$

在 Hilbert 空间 H 中考虑如下定义的算子 A

$$D(A)=\begin{cases}\boldsymbol{F}=(f(x),u_1(x),u_2(x)):\\ \quad f \text{ 以及 } f' \text{在}[a,c)\cup(c,b]\\ \quad \text{的每个紧子集上绝对连续},\\ \quad \ell(f)\in L^2([a,c)\cup(c,b]),L_3(f)=L_4(f)=0,\\ \quad u_1=M'_a(f),v_1=M'_b(f)\end{cases} \tag{3.3.13}$$

$$A\boldsymbol{F}=(\ell(f),M_a(f),-M_b(f)) \tag{3.3.14}$$

下面通过算子方程 $A\boldsymbol{F}=\lambda\boldsymbol{F}$ 来研究 Sturm-Liouville 问题(3.3.1)~(3.3.7).引理 3.3.1 的结论是显然的.

引理 3.3.1　Sturm-Liouville 问题(3.3.1)~(3.3.7)的特征值与算子 A 的特征值是一致的,且它的特征函数是算子 A 的相应特征函数的第一个分量.

引理 3.3.2 算子 A 的定义域 $D(A)$ 在 Hilbert 空间中是稠密的.

证明技巧同文献［184］中的引理 1.2.

定理 3.3.1 算子 A 是自共轭的.

证明 令 $\boldsymbol{F},\boldsymbol{G}\in D(A)$. 定义：

$$W(f,g;x)=f(x)g'(x)-g(x)f'(x) \tag{3.3.15}$$

通过分部积分有

$$\begin{aligned}\langle A\boldsymbol{F},\boldsymbol{G}\rangle_H=&\langle \boldsymbol{F},A\boldsymbol{G}\rangle_H-W(f,\overline{g};a)+W(f,\overline{g};c-0)-\\&\frac{1}{\xi}W(f,\overline{g};c+0)+\frac{1}{\xi}W(f,\overline{g};b)+\\&\frac{1}{Q_1}[M_a(f)M'_a(\overline{g})-M'_a(f)M_a(\overline{g})]-\\&\frac{1}{Q_2\xi}[M_b(f)M'_b(\overline{g})-M'_b(f)M_b(\overline{g})]\end{aligned} \tag{3.3.16}$$

经过简单计算，

$$\begin{aligned}M_a(f)M'_a(\overline{g})-M'_a(f)M_a(\overline{g})=\boldsymbol{Q}_1\boldsymbol{W}(f,\overline{g};a)\\M_b(f)M'_b(\overline{g})-M'_b(f)M_b(\overline{g})=\boldsymbol{Q}_2\boldsymbol{W}(f,\overline{g};b)\end{aligned} \tag{3.3.17}$$

将式(3.3.17)代入式(3.3.16)，并结合式(3.3.5)～式(3.3.7) 得

$$\langle A\boldsymbol{F},\boldsymbol{G}\rangle_H=\langle \boldsymbol{F},A\boldsymbol{G}\rangle_H,\boldsymbol{F},\boldsymbol{G}\in D(A) \tag{3.3.18}$$

所以，A 是对称的.

下面只需证明：对于所有 $\boldsymbol{F}=(f(x),u_1(x),u_2(x))\in \boldsymbol{D}(A)$以及$\boldsymbol{R}=(r(x),u_1(x),u_2(x))$和 $\boldsymbol{S}=(s(x),v_1(x),v_2(x))$，如果$\langle A\boldsymbol{F},\boldsymbol{R}\rangle_H=\langle \boldsymbol{F},\boldsymbol{S}\rangle_H$，那么 $\boldsymbol{R}\in D(A)$且 $A\boldsymbol{R}=\boldsymbol{S}$.

对所有 $\boldsymbol{F}\in L^2([a,c)\cup(c,b])\oplus 0^2\subset D(\boldsymbol{A})$，$\langle \boldsymbol{A}\boldsymbol{F},\boldsymbol{R}\rangle_H=\langle \boldsymbol{F},\boldsymbol{S}\rangle_H$ 等价于

$$p_1^2\int_a^c \ell(f)\overline{r}\mathrm{d}x+\frac{p_2^2}{\xi}\int_c^b \ell(f)\overline{r}\mathrm{d}x=p_1^2\int_a^c f\overline{s}\mathrm{d}x+\frac{p_2^2}{\xi}\int_c^b f\overline{s}\mathrm{d}x \tag{3.3.19}$$

即$\langle \ell(f),r\rangle=\langle f,s\rangle$. 这表明

$$\begin{aligned}r_1,r'_1\in AC_{\mathrm{loc}}(a,c),r_2,r'_2\in AC_{\mathrm{loc}}(c,b)\\\ell(r)\in L^2([a,c)\cup(c,b])\text{且 } s(x)=\ell(r)\end{aligned} \tag{3.3.20}$$

由式(3.3.8)，$\langle A\boldsymbol{F},\boldsymbol{R}\rangle_H=\langle \boldsymbol{F},\boldsymbol{S}\rangle_H$ 等价于

$$
\begin{aligned}
&p_1^2\int_a^c \ell(f)\bar{r}\mathrm{d}x+\frac{p_2^2}{\xi}\int_a^c \ell(f)\bar{r}\mathrm{d}x+\frac{1}{Q_1}M_a(f)u_1-\frac{1}{Q_2\xi}M_b(f)u_2\\
&=p_1^2\int_a^c f\bar{s}\mathrm{d}x+\frac{p_2^2}{\xi}\int_c^b f\bar{s}\mathrm{d}x+\frac{1}{Q_1}M'_a(f)v_1+\frac{1}{Q_2\xi}M'_b(f)v_2
\end{aligned}
\tag{3.3.21}
$$

即

$$
\begin{aligned}
\langle \ell(f),r\rangle-\langle f,\ell(r)\rangle=&\frac{1}{Q_1}M'_a(f)v_1+\frac{1}{Q_2\xi}M'_b(f)v_2-\\
&\frac{1}{Q_1}M_a(f)u_1+\frac{1}{Q_2\xi}M_b(f)u_2
\end{aligned}
\tag{3.3.22}
$$

而

$$
\begin{aligned}
\langle \ell(f),r\rangle=&p_1^2\int_a^c\left(-\frac{1}{p_1^2}f''+q(x)f\right)\bar{r}\mathrm{d}x+\\
&\frac{p_2^2}{\xi}\int_c^b\left(-\frac{1}{p_2^2}f''+q(x)f\right)\bar{r}\mathrm{d}x\\
=&\langle f,\ell(r)\rangle+W(f,\bar{r};c-0)-W(f,\bar{r};a)+\\
&\frac{1}{\xi}W(f,\bar{r};b)-\frac{1}{\xi}W(f,\bar{r};c+0)
\end{aligned}
\tag{3.3.23}
$$

由式(3.3.22)和式(3.3.23)得

$$
\begin{aligned}
&\frac{1}{Q_1}M'_a(f)v_1+\frac{1}{Q_2\xi}M'_b(f)v_2-\frac{1}{Q_1}M_a(f)u_1+\frac{1}{Q_2\xi}M_b(f)u_2\\
&=W(f,\bar{r};c-0)-W(f,\bar{r};a)+\\
&\frac{1}{\xi}W(f,\bar{r};b)-\frac{1}{\xi}W(f,\bar{r};c+0)\\
&=[f(c-0)\bar{r}'(c-0)-f'(c-0)\bar{r}(c-0)]-\\
&[f(a)\bar{r}'(a)-f'(a)\bar{r}(a)]+\\
&\frac{1}{\xi}[f(b)\bar{r}'(b)-f'(b)\bar{r}(b)]-\\
&\frac{1}{\xi}[f(c+0)\bar{r}'(c+0)-f'(c+0)\bar{r}(c+0)]
\end{aligned}
\tag{3.3.24}
$$

选取 $\boldsymbol{F}\in D(A)$使 $f(a)=f'(a)=f(c-0)=f'(c-0)=f(c+0)=f'(c+0)=0, f(b)=\beta_2', f'(b)=\beta'_1$. 由式(3.3.24)得

$$\begin{aligned} v_2&=\beta_2\overline{r}'(b)-\beta_1\overline{r}(b)=-M_b(r)\\ u_2&=\beta_1'\overline{r}(b)-\beta_2'\overline{r}'(b)=M_b'(r)\end{aligned}\tag{3.3.25}$$

同样方法得

$$\begin{aligned} u_1&=\alpha_1'\overline{r}(a)-\alpha_2'\overline{r}'(a)=M_a'(r)\\ v_1&=\alpha_1\overline{r}(a)-\alpha_2\overline{r}'(a)=M_a(r)\end{aligned}\tag{3.3.26}$$

选取 $\boldsymbol{F}\in D(A)$使 $f(b)=f'(b)=f(a)=f'(a)=f(c+0)=0, f'(c+0)=\xi$, $f(c-0)=-\beta_3, f'(c-0)=\alpha_3$. 由式(3.3.24)得

$$r(c+0)-\alpha_3 r(c-0)-\beta_3 r'(c-0)=0\tag{3.3.27}$$

选取 $\boldsymbol{F}\in D(A)$使 $f(b)=f'(b)=f(a)=f'(a)=f'(c+0)=0, f(c+0)=\xi$, $f(c-0)=\alpha_4, f'(c-0)=-\beta_4$. 由式(3.3.24)得

$$r'(c+0)-\alpha_4 r(c-0)-\beta_4 r'(c-0)=0\tag{3.3.28}$$

由此，算子 A 是自共轭的.

推论 3.3.1 Sturm-Liouville 问题(3.3.1)～(3.3.7)的特征值以及相应的特征函数都是实的.

推论 3.3.2 令 λ_1 和 λ_2 是 Sturm-Liouville 问题(3.3.1)～(3.3.7)的两个不同的特征值，则相应的两个特征函数 $y(\lambda_1,x)$与 $y(\lambda_2,x)$在

$$\begin{aligned}&p_1^2\int_a^c y_1(\lambda_1,x)\overline{y_2(\lambda_2,x)}\mathrm{d}x+\frac{p_2^2}{\xi}\int_c^b y(\lambda_1,x)\overline{y(\lambda_2,x)}\mathrm{d}x+\\ &\frac{1}{Q_1}M_a'[y_1(\lambda_1,a)]M_a'[y_2(\lambda_2,a)]+\\ &\frac{1}{Q_2\xi}M_b'[y_1(\lambda_1,b)]M_b'[y_2(\lambda_2,b)]=0\end{aligned}\tag{3.3.29}$$

的意义下是正交的.

3.3.2 判别函数

令 $\zeta_1(x,\lambda)$是方程(3.3.1)满足初始条件

$$\zeta_1(a)=\alpha'_2\lambda-\alpha_2,\zeta'_1(a)=\alpha'_1\lambda-\alpha_1 \tag{3.3.30}$$

的解. $\zeta_2(x,\lambda)$是方程(3.3.1)满足初始条件

$$\zeta_2(c+0)=\alpha_3\zeta_1(c-0)+\beta_3\zeta'_1(c-0) \tag{3.3.31}$$

$$\zeta'_2(c+0)=\alpha_4\zeta_1(c-0)+\beta_4\zeta'_1(c-0) \tag{3.3.32}$$

的解. $\eta_2(x,\lambda)$是方程(3.3.1)满足初始条件

$$\eta_2(b)=\beta'_2\lambda+\beta_2,\eta'_2(b)=\beta'_1\lambda+\beta_1 \tag{3.3.33}$$

的解. $\eta_1(x,\lambda)$是方程(3.3.1)满足初始条件

$$\eta_1(c-0)=\frac{1}{\xi}[\beta_4\eta_2(c+0)-\beta_3\eta'_2(c+0)] \tag{3.3.34}$$

$$\eta'_1(c-0)=\frac{1}{\xi}[-\alpha_4\eta_2(c+0)+\alpha_3\eta'_2(c+0)] \tag{3.3.35}$$

的解.

引入记号

$$\begin{aligned}\omega_i(\lambda)&=W(\zeta_i,\eta_i;x)\\&=\zeta_i(x,\lambda)\eta'_i(x,\lambda)-\zeta'_i(x,\lambda)\eta_i(x,\lambda)\\&\quad x\in\Omega_i,i=1,2\end{aligned} \tag{3.3.36}$$

则 ω_i 是不依赖于 $x\in\Omega_i$ 的整函数,其中 $\Omega_1=[a,c)$,$\Omega_2=(c,b]$. 经过简单计算,得出下面的结论.

引理 3.3.3　定义 $w(\lambda)=w_1(\lambda)$,对于每一个 $\lambda\in\mathbb{C}$,$w_2(\lambda)=\xi w(\lambda)$成立.

推论 3.3.3　$w(\lambda)$与 $w_2(\lambda)$的零点是一致的.

定理 3.3.2　λ_* 是 Sturm-Liouville 问题(3.3.1)～(3.3.7)的特征值当且仅当 λ_* 是 $w(\lambda)$的零点.

证明　假设

$$y_*(x)=\begin{cases}d_1\zeta_1(x,\lambda_*)+d_2\eta_1(x,\lambda_*),x\in[a,c)\\d_3\zeta_2(x,\lambda_*)+d_4\eta_2(x,\lambda_*),x\in(c,b]\end{cases} \tag{3.3.37}$$

是相应于特征值 λ_* 的特征函数,λ_* 是 Sturm-Liouville 问题(3.3.1)～(3.3.7)的特征值当且仅当有不全为零的常数 d_1,d_2,d_3,d_4 使式(3.3.37)满足边界条件及转换条件(3.3.3)～(3.3.7).

用反证法：假设 $w_i(\lambda_*)\neq 0, i=1,2$. 由式(3.3.5)、式(3.3.6)、式(3.3.31)、式(3.3.32)得

$$\zeta_2(d_1-d_3)+\eta_2(d_2-d_4)=0 \tag{3.3.38}$$

而由式(3.3.5)、式(3.3.6)、式(3.3.34)、式(3.3.35)得

$$\zeta_1(d_1-d_3)+\eta_1(d_2-d_4)=0 \tag{3.3.39}$$

因为 $w_2(\lambda_*)\neq 0$，所以有 $d_1=d_3$ 且 $d_2=d_4$，则式(3.3.37)改写为

$$y_*(x)=\begin{cases} d_1\zeta_1(x,\lambda_*)+d_2\eta_1(x,\lambda_*), x\in[a,c) \\ d_1\zeta_2(x,\lambda_*)+d_2\eta_2(x,\lambda_*), x\in(c,b] \end{cases} \tag{3.3.40}$$

由式(3.3.3)、式(3.3.4)、式(3.3.30)、式(3.3.36)以及式(3.3.40)得 $d_1=d_2=0$，由此，$d_1=d_2=d_3=d_4=0$. 这与 d_1,d_2,d_3,d_4 不全为零矛盾，假设不成立，结论得证.

由于 $w(\lambda)$ 在判断 λ_* 是否是问题的特征值时起到了至关重要的作用，因此我们称其为判别函数. 定理 3.3.2 把求解特征值的问题转化为求 $w(\lambda)$ 的零点问题.

定理 3.3.3 Sturm-Liouville 问题(3.3.1)～(3.3.7)的特征值是解析单的.

证明 在等式 $\ell(\eta)=\lambda\eta$ 的两端对 λ 求导，得

$$\ell(\eta_\lambda)=\lambda\eta_\lambda+\eta, \eta_\lambda=\frac{\partial\eta}{\partial\lambda} \tag{3.3.41}$$

分部积分得

$$\begin{aligned} &\langle\ell(\eta_\lambda),\zeta\rangle-\langle\eta_\lambda,\ell(\zeta)\rangle \\ &=(\eta_{1\lambda}\bar{\zeta}'_1-\eta'_{1\lambda}\bar{\zeta}_1)\Big|_a^c+\frac{1}{\zeta}(\eta_{2\lambda}\bar{\zeta}'_2-\eta'_{2\lambda}\bar{\zeta}_2)\Big|_c^b \end{aligned} \tag{3.3.42}$$

因为 λ 是实的，所以

$$\langle\ell(\eta_\lambda),\zeta\rangle-\langle\eta_\lambda,\ell(\zeta)\rangle=\langle\eta,\zeta\rangle \tag{3.3.43}$$

由式(3.3.42)和式(3.3.43)得

$$
\begin{aligned}
\langle\eta,\zeta\rangle=&(\eta_{1\lambda}\bar{\zeta}'_1-\eta'_{1\lambda}\bar{\zeta}_1)\Big|_a^c+\frac{1}{\xi}(\eta_{2\lambda}\bar{\zeta}'_2-\eta'_{2\lambda}\bar{\zeta}_2)\Big|_c^b\\
=&\eta_{1\lambda}(c-0,\lambda)\bar{\zeta}'_1(c-0,\lambda)-\eta'_{1\lambda}(c-0,\lambda)\bar{\zeta}_1(c-0,\lambda)-\\
&\eta_{1\lambda}(a,\lambda)\bar{\zeta}'_1(a,\lambda)+\eta'_{1\lambda}(a,\lambda)\bar{\zeta}_1(a,\lambda)+\\
&\frac{1}{\xi}[\eta_{2\lambda}(b,\lambda)\bar{\zeta}'_2(b,\lambda)-\eta'_{2\lambda}(b,\lambda)\bar{\zeta}_2(b,\lambda)-\\
&\eta_{2\lambda}(c+0,\lambda)\bar{\zeta}'_2(c+0,\lambda)+\\
&\eta'_{2\lambda}(c+0,\lambda)\bar{\zeta}'_2(c+0,\lambda)]
\end{aligned}
\tag{3.3.44}
$$

而

$$
\begin{aligned}
w'(\lambda)=&\eta'_{1\lambda}(a,\lambda)\zeta_1(a,\lambda)+\eta'_1(a,\lambda)\zeta_{1\lambda}(a,\lambda)-\\
&\eta_{1\lambda}(a,\lambda)\zeta'_1(a,\lambda)-\eta_1(a,\lambda)\zeta'_{1\lambda}(a,\lambda)
\end{aligned}
\tag{3.3.45}
$$

把式(3.3.45)代入式(3.3.44)得

$$
\begin{aligned}
\langle\eta,\zeta\rangle=&w'(\lambda)-\eta'_1(a,\lambda)\zeta_{1\lambda}(a,\lambda)+\eta_1(a,\lambda)\zeta'_{1\lambda}(a,\lambda)+\\
&\eta_{1\lambda}(c-0,\lambda)\bar{\zeta}'_1(c-0,\lambda)-\eta'_{1\lambda}(c-0,\lambda)\bar{\zeta}_1(c-0,\lambda)+\\
&\frac{1}{\xi}[\eta_{2\lambda}(b,\lambda)\bar{\zeta}'_2(b,\lambda)-\eta'_{2\lambda}(b,\lambda)\bar{\zeta}_2(b,\lambda)-\\
&\quad\eta_{2\lambda}(c+0,\lambda)\bar{\zeta}'_2(c+0,\lambda)+\eta'_{2\lambda}(c+0,\lambda)\bar{\zeta}_2(c+0,\lambda)]\\
=&w'(\lambda)-\alpha'_2\eta'_1(a,\lambda)+\alpha'_1\eta_1(a,\lambda)+\\
&\frac{1}{\xi}[\beta'_2\bar{\zeta}'_2(b,\lambda)-\beta'_1\bar{\zeta}_2(b,\lambda)]
\end{aligned}
\tag{3.3.46}
$$

即

$$
\begin{aligned}
w'(\lambda)=&\langle\eta,\zeta\rangle+\alpha'_2\eta'_1(a,\lambda)-\alpha'_1\eta_1(a,\lambda)-\\
&\frac{1}{\xi}[\beta'_2\bar{\zeta}'_2(b,\lambda)-\beta'_1\bar{\zeta}_2(b,\lambda)]
\end{aligned}
\tag{3.3.47}
$$

由 $W(\zeta_1,\eta_1;x)=0$ 以及 $W(\zeta_2,\eta_2;x)=0$ 可推知 $\zeta_1(x,\lambda)=c_1\eta_1(x,\lambda)(c_1\neq$

$0)$，$\zeta_2(x,\lambda)=c_2\eta_2(x,\lambda)(c_2\neq 0)$，从而得 $\zeta_2(c+0,\lambda)=c_1\eta_2(c+0,\lambda)$，$\zeta_2'(c+0,\lambda)=c_1\eta_2'(c+0,\lambda)$，这说明 $m\triangleq c_1=c_2\neq 0$. 由式(3.3.47)得

$$\begin{aligned}w'(\lambda)=&p_1^2\int_a^c\eta_1(\lambda,x)\bar{\zeta}_1(\lambda,x)\mathrm{d}x+\frac{p_2^2}{\xi}\int_c^b\eta_2(\lambda,x)\bar{\zeta}_2(\lambda,x)\mathrm{d}x+\\&\alpha'_2\eta'_1(a,\lambda)-\alpha'_1\eta_1(a,\lambda)-\frac{1}{\xi}\left[\beta'_2\bar{\zeta}'_2(b,\lambda)-\beta'_1\bar{\zeta}_2(b,\lambda)\right]\\&=m\left[p_1^2\int_a^c|\eta_1(\lambda,x)|^2\mathrm{d}x+\frac{p_2^2}{\xi}\int_c^b|\eta_2(\lambda,x)|^2\mathrm{d}x+\frac{Q_1}{m^2}+\frac{Q_2}{\xi}\right]\\&\neq 0\end{aligned}\tag{3.3.48}$$

因此，λ 必为 $w(\lambda)$的单重零点. 根据定理 3.3.2，结论得证.

3.3.3 数值实例

如上所述，求 Sturm-Liouville 问题(3.3.1)～(3.3.7)的特征值转化为求 $w(\lambda)$的零点. 结合幅角原理和牛顿类迭代法数值求解 $w(\lambda)$的部分实单重零点. 下面是数值计算中用到的主要结论.

定理 3.3.4 (幅角原理，参见文献[211])如果 $f(z)=u+\mathrm{i}v$ 在简单闭曲线上和 C 内解析，且在 C 上不等于零，那么在 C 内零点的个数等于 $1/(2\pi)$乘以当 z 沿 C 的正向绕行一周 $f(z)$的幅角变化量.

推论 3.3.4 (参见文献[211])设 $f(z)=u+\mathrm{i}v$ 在简单闭曲线上和 C 内解析，且在 C 上不等于零，点 $z_0=x_0+\mathrm{i}y_0$ 沿 C 的正向绕行一周，设向量(u,v)作正方向旋转次数为 P，作负方向旋转次数为 N，那么在简单闭曲线内 $f(z)$的零点个数 $M=P-N$.

下面的牛顿类迭代法，参见文献[203]的定理 2.

定理 3.3.5 设 $f''(x)$在 x^* 的充分小的邻域内连续，$f(x^*)=0$，$f'(x)\neq 0$，$f(x)+f'(x)\neq 0$，则迭代公式

$$x_{n+1}=x_n-\frac{f(x_n)}{f(x_n)+f'(x_n)}(n=0,1,2,\cdots)\tag{3.3.49}$$

是平方收敛的，并且它们和牛顿迭代公式具有同样的计算效能.

例 3.3.1 令

$$p=\begin{cases}1,x\in[0,1)\\2,x\in(1,2]\end{cases},\quad q=\begin{cases}1+\dfrac{2}{1+x^2},x\in[0,1)\\\dfrac{4}{1+x^2},\quad x\in(1,2]\end{cases}$$

容易验证，$\lambda_*=1$ 是 Strum-Liouville 问题

$$\begin{cases}-(py')'+qy=\lambda y,x\in[0,1)\cup(1,2]\\(1-\lambda)y(0)-(1+\lambda)y'(0)=0\\(3+\lambda)y(2)-(2+\lambda)y'(2)=0\\\boldsymbol{Y}(1+0)=\begin{pmatrix}\dfrac{3}{2}&0\\\dfrac{4}{3}&\dfrac{2}{3}\end{pmatrix}\boldsymbol{Y}(1-0)\end{cases}$$

的特征值，其特征函数是

$$y_*=\begin{cases}1+x^2,x\in[0,1)\\2+x^2,x\in(1,2]\end{cases}$$

由引理 3.3.1、定理 3.3.1、推论 3.3.1 及定理 3.3.3 可知，该 Strum-Liouville 问题是自共轭的，特征值及相应的特征函数都是实的且特征值是解析单的. 给定精度 accuracy=0.000 1，运行程序，得到区间(−10,50]内的单特征值如下：

$$\lambda_1=-1.305\,0,\lambda_2=-0.280\,2,\lambda_3=1.0$$

$$\lambda_4=6.236\,4,\lambda_5=18.606\,7,\lambda_6=30.226\,6$$

其中特征值的标号是对该区间的特征值按递增有序排列后的相对标号，特征值对应的特征函数图像如图 3.3.1～图 3.3.6 所示，图中虚线表示数值解，实线表示精确解. 图 3.3.3 对数值解与精确解进行了比较，说明数值解与精确解的拟合程度较好.

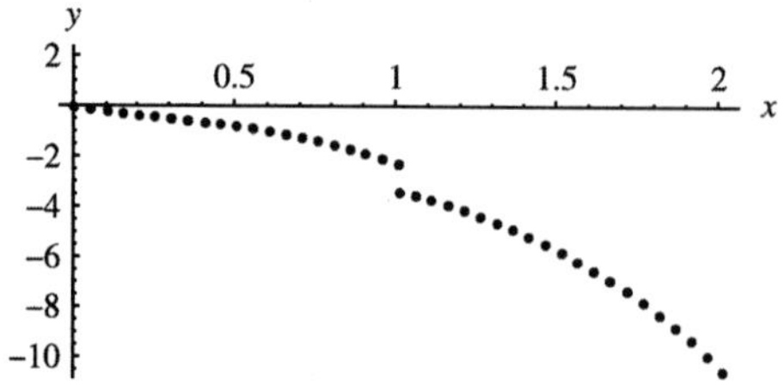

图 3.3.1　$\lambda_1=-1.3050$

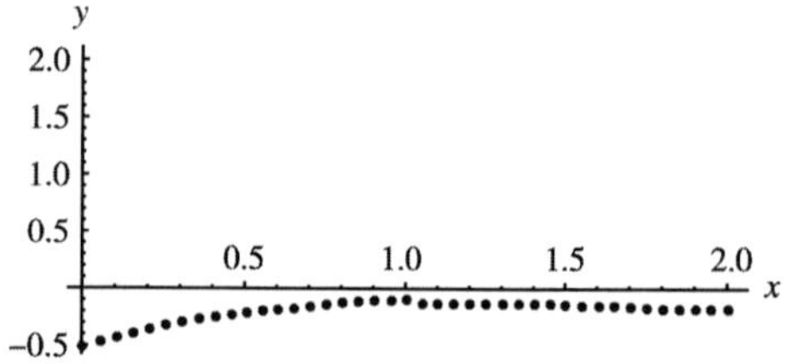

图 3.3.2　$\lambda_2=-0.2802$

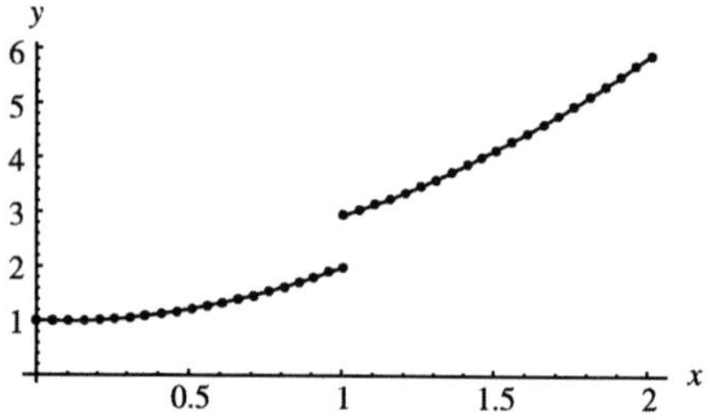

图 3.3.3　$\lambda_3=1.0$

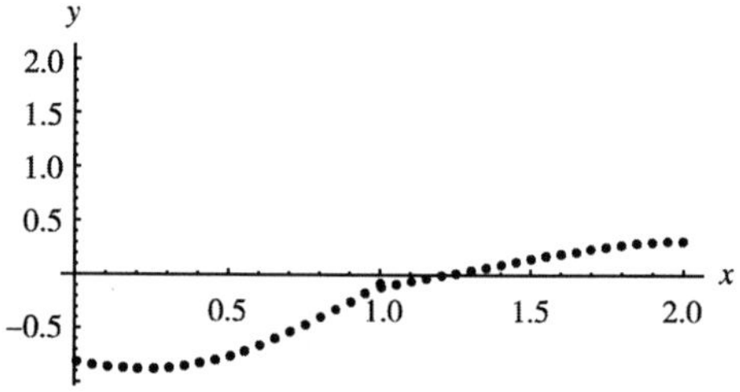

图 3.3.4　$\lambda_4=6.2364$

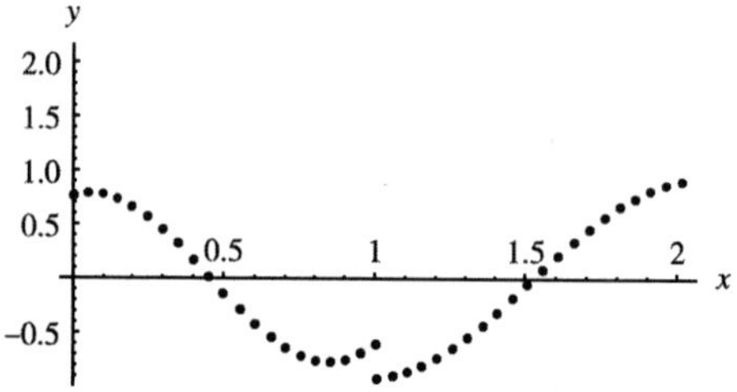

图 3.3.5　$\lambda_5=18.6067$

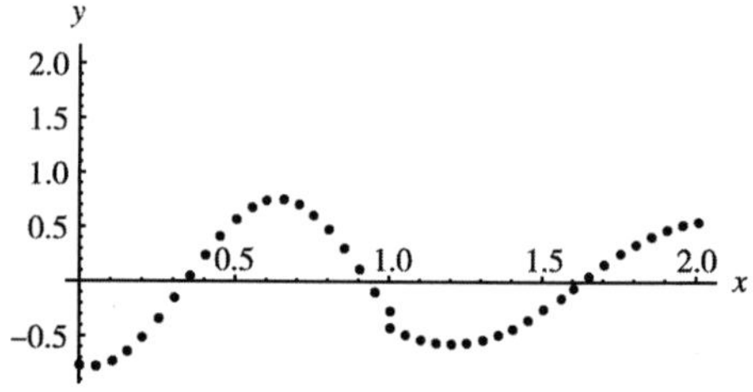

图 3.3.6　$\lambda_6=30.2266$

3.4　特征函数的振动性

本节考虑非连续 Sturm-Liouville 方程

$$\begin{gathered}-y''+qy=\lambda y, x\in(a,c)\cup(c,b)\\ -\infty<a<c<b<+\infty\end{gathered}\tag{3.4.1}$$

其中 q 在$[a,c)\cup(c,b]$的每一个紧子集内连续，在 c 点左右极限存在，

$\lambda\in\mathbb{C}$ 是谱参数. 对于 Sturm-Liouville 方程(3.4.1)赋予边界条件

$$y(a)\cos\alpha+y'(a)\sin\alpha=0 \tag{3.4.2}$$

$$y(b)\cos\beta+y'(b)\sin\beta=0 \tag{3.4.3}$$

以及转移条件

$$y(c+0)-\gamma_1 y(c-0)-\gamma_2 y'(c-0)=0 \tag{3.4.4}$$

$$y'(c+0)-\gamma_3 y(c-0)-\gamma_4 y'(c-0)=0 \tag{3.4.5}$$

其中 $0\leqslant\alpha<\pi, 0<\beta\leqslant\pi; \gamma_i\in\mathbb{R}\,(i=1,2,3,4)$ 且满足 $\kappa=\gamma_1\gamma_4-\gamma_2\gamma_3>0$.

3.4.1　预备知识

在 $L^2((a,c)\cup(c,b))$ 中定义内积

$$\langle f,g\rangle=\int_a^c f_-\overline{g_-}\,\mathrm{d}x+\frac{1}{\kappa}\int_a^c f_+\overline{g_+}\,\mathrm{d}x \tag{3.4.6}$$

其中, $f_-(x)=f(x)|_{(a,c)}, f_+(x)=f(x)|_{(c,b)}$. g 的定义与 $f(x)$ 的定义是相似的. 易知, 具有此内积的空间 $H=L^2((a,c)\cup(c,b),\mathbb{C})$ 是 Hilbert 空间. 本节将在 Hilbert 空间 H 中讨论问题.

由经典 Sturm-Liouville 理论可知, 非连续 Sturm-Liouville 方程(3.4.1)的解 y 及其拟导数 y' 在区间 (a,c) 和 (c,b) 的每个紧子集上是绝对连续的, 且 Sturm-Liouville 方程(3.4.1)在区间 (a,c) 和 (c,b) 上的初值问题有唯一解. 对于每一个 $\lambda\in\mathbb{C}$, 令 ζ_- 和 ζ_+ 是 Sturm-Liouville 方程(3.4.1)满足初始条件

$$\zeta_-(a)=\sin\alpha, \zeta'_-(a)=-\cos\alpha \tag{3.4.7}$$

及转移条件

$$\begin{aligned}\zeta_+(c+0)&=\gamma_1\zeta_-(c-0)+\gamma_2\zeta'_-(c-0)\\ \zeta'_+(c+0)&=\gamma_3\zeta_-(c-0)+\gamma_4\zeta'_-(c-0)\end{aligned} \tag{3.4.8}$$

的解. η_+ 和 η_- 是 Sturm-Liouville 方程(3.4.1)满足初始条件

$$\eta_+(b)=\sin\beta, \eta'_+(b)=-\cos\beta \tag{3.4.9}$$

及转移条件

$$\begin{aligned} \eta_-(c-0)&=\frac{1}{\kappa}[\gamma_4\eta_+(c+0)-\gamma_2\eta'_+(c+0)] \\ \eta'_-(c-0)&=\frac{1}{\kappa}[-\gamma_3\eta_+(c+0)+\gamma_1\eta'_+(c+0)] \end{aligned} \tag{3.4.10}$$

的解. 对于(a,c)和(c,b)内的每一个固定的 x，$\zeta_\pm(x,\lambda)$，$\eta_\pm(x,\lambda)$是 λ 的整函数，它们的 Wronski 行列式 $W_\pm(\zeta_\pm,\eta_\pm)$与 x 无关. 因此可以令

$$\begin{aligned} w_\pm(\lambda)&=W(\zeta_\pm,\eta_\pm;x) \\ &=\zeta_\pm(x,\lambda)\eta'_\pm(x,\lambda)-\zeta'_\pm(x,\lambda)\eta_\pm(x,\lambda),x\in\Omega_\pm \end{aligned} \tag{3.4.11}$$

则 $w_\pm$是不依赖于 $x\in\Omega_\pm$ 的整函数，其中 $\Omega\_=(a,c)$，$\Omega_+=(c,b)$. 并记 Sturm-Liouville 方程(3.4.1)在区间$(a,c)\cup(c,b)$内满足初始条件式(3.4.7)、式(3.4.8)和式(3.4.9)、式(3.4.10)的解分别为

$$\begin{aligned} \zeta&=\begin{cases}\zeta\_(x,\lambda),x\in(a,b)\\ \zeta_+(x,\lambda),x\in(c,b)\end{cases} \\ \eta&=\begin{cases}\eta\_(x,\lambda),x\in(a,b)\\ \eta_+(x,\lambda),x\in(c,b)\end{cases} \end{aligned} \tag{3.4.12}$$

为了叙述简便起见，本节以 ζ,η 简记 $\zeta(x,\lambda)$，$\eta(x,\lambda)$，以 ζ_λ，ζ'_λ 简记$\frac{\partial\zeta}{\partial\lambda}$，$\frac{\partial\zeta'}{\partial\lambda}$.

参照文献[146]，容易得到下面的结论.

引理 3.4.1 定义：$w(\lambda)=w\_(\lambda)$，对于每一个 $\lambda\in\mathbb{C}$，$w_+(\lambda)=\kappa w(\lambda)$ 成立.

推论 3.4.1 $w(\lambda)$与 $w_+(\lambda)$的零点是一致的.

命题 3.4.1 λ_*是 Sturm-Liouville 问题(3.4.1)～(3.4.5)的特征值当且仅当λ_*是 $w(\lambda)$的零点. 当 $\lambda=\lambda_*$是特征值时，$\zeta(x,\lambda_*)$是该特征值所对应的特征函数.

定义 3.4.1　边值问题(3.4.1)～(3.4.5)的特征值 λ 的解析重数等于它作为特征方程 $w(\lambda)=0$ 的根的重数,其几何重数等于与它相应的特征子空间的维数,即与 λ 相应的线性无关的特征函数的个数.

定理 3.4.1　边值问题(3.4.1)～(3.4.5)的特征值是实的,有下界并且是解析单的.

3.4.2　特征函数的振动性

令

$$h(x)=\begin{cases}h_-(x),x\in(a,c)\\h_+(x),x\in(c,b)\end{cases},\quad g(x)=\begin{cases}g_-(x),x\in(a,c)\\g_+(x),x\in(c,b)\end{cases}\tag{3.4.13}$$

$$\varphi(x)=\begin{cases}\varphi_-(x),x\in(a,c)\\\varphi_+(x),x\in(c,b)\end{cases},\quad \psi(x)=\begin{cases}\psi_-(x),x\in(a,c)\\\psi_+(x),x\in(c,b)\end{cases}\tag{3.4.14}$$

显然,$\varphi(c-0)$等价于 $\varphi_-(c-0)$,$\varphi(c+0)$等价于 $\varphi_+(c+0)$,$\psi(c-0)$等价于 $\psi_-(c-0)$,$\psi(c+0)$等价于 $\psi_+(c+0)$. 对于给定的转移矩阵

$$\boldsymbol{D}=\begin{pmatrix}\gamma_1&\gamma_2\\\gamma_3&\gamma_4\end{pmatrix}\quad 满足\ \kappa=\det(\boldsymbol{D})>0\tag{3.4.15}$$

$\varphi(x)$及 $\psi(x)$满足转移条件是指

$$\begin{pmatrix}\varphi(c+0)\\\varphi'(c+0)\end{pmatrix}=\boldsymbol{D}\begin{pmatrix}\varphi(c-0)\\\varphi'(c-0)\end{pmatrix},\begin{pmatrix}\psi(c+0)\\\psi'(c+0)\end{pmatrix}=\boldsymbol{D}\begin{pmatrix}\psi(c-0)\\\psi'(c-0)\end{pmatrix}\tag{3.4.16}$$

$g(x)\leqslant h(x)$等价于

$$\begin{cases}g_-(x)\leqslant h_-(x),x\in(a,c)\\g_+(x)\leqslant h_+(x),x\in(c,b)\end{cases}\tag{3.4.17}$$

下面比较关键的结论是后续证明的基础. 为了叙述简便起见,本节以 φ,ψ,h,g 简记 $\varphi(x),\psi(x),h(x),g(x)$.

定理 3.4.2　设 $g(x),h(x)$在$(a,c)\cup(c,b)$的每个紧子集上几乎处处连续,且 $g(x)\leqslant h(x)$,$\psi(x)$和 $\varphi(x)$分别为微分方程

$$y''+h(x)y=0\tag{3.4.18}$$

$$y''+g(x)y=0 \tag{3.4.19}$$

在$[a,c)\cup(c,b]$上满足转移条件的两个非平凡解. 如果 $\varphi(c-0)$,$\varphi(c+0)$,$\psi(c-0)$,$\psi(c+0)$之间满足下列关系：

(1)$\varphi(c-0)\varphi(c+0)$与 $\psi(c-0)\psi(c+0)$同号；

(2)当 $\varphi(c-0)=0$ 时,$\varphi(c+0)$与 $\psi(c-0)\psi(c+0)$同号；

(3)当 $\varphi(c+0)=0$ 时,$\varphi(c-0)$与 $\psi(c-0)\psi(c+0)$同号

之一,则在 $\varphi(x)$的任意两个零点之间必至少有 $\psi(x)$的一个零点.

证明 由假设可知,$\psi(x)$,$\varphi(x)$分别为微分方程(3.4.18)和式(3.4.19)的解,所以

$$\psi''+h\psi=0 \tag{3.4.20}$$

$$\varphi''+g\varphi=0 \tag{3.4.21}$$

由式(3.4.20)和式(3.4.21)可得

$$\psi\varphi''-\varphi\psi''=(h-g)\psi\varphi \tag{3.4.22}$$

下面仅需要考虑 $\varphi(x)$的包含不连续点 c 的那两个相邻零点之间必至少有 $\psi(x)$的一个零点,其他相邻零点可以通过 Sturm 分离定理直接得到结论.

设 x_1,x_2 为 $\varphi(x)$的两个相邻零点,且 $x_1<c<x_2$,这表明:$\varphi(c-0)\cdot\varphi(c+0)\neq0$. 在区间$[x_1,c]$和$[c,x_2]$上分别对式(3.4.22)积分,可得

$$\begin{aligned}&(\psi_-\varphi_-'-\psi_-'\psi)\big|_{x_1}^{c}\\ &=-\psi_-(x_1)\psi_-'(x_1)+\psi(c-0)\psi'(c-0)-\\ &\quad\psi'(c-0)\varphi(c-0)\\ &=\int_{x_1}^{c}(h_--g_-)\varphi_-\psi_-\,\mathrm{d}x\end{aligned} \tag{3.4.23}$$

$$\begin{aligned}&(\psi_+\varphi_+'-\psi_+'\varphi_+)\big|_{c}^{x_2}\\ &=\psi_+(x_2)\varphi_+'(x_2)-\boldsymbol{\kappa}\{[\psi(c-0)\varphi'(c-0)]\\ &\quad-\psi'(c-0)\varphi(c-0)\}\\ &=\int_{c}^{x_2}(h_+-g_+)\varphi_+\psi_+\,\mathrm{d}x\end{aligned} \tag{3.4.24}$$

首先考虑 $\varphi(c-0)\varphi(c+0)>0$ 的情况. 不妨假设 $\varphi(c-0)>0$(假设

$\varphi(c-0)<0$ 结论是相同的. 下述所有此类假设同样没有特别去选择, 只是为了方便), 则 $\varphi(c+0)>0$, 所以, 在 (x_1,x_2) 内, $\varphi(x)>0$, 从而 $\varphi'_-(x_1)>0$, $\varphi'_+(x_2)<0$, 如图 3.4.1 所示.

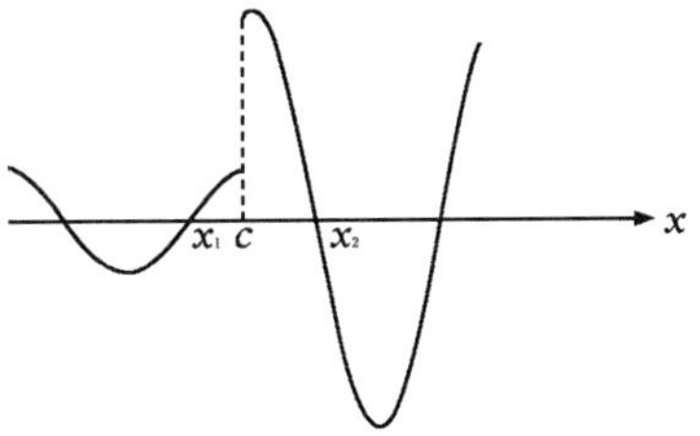

图 3.4.1　$\varphi(x)$ 的图像

下面证明: 如果 $\psi(x)$ 在子区间 $[x_1,c]$ 上无零点, 那么在 $(c,x_2]$ 上必至少有 $\psi(x)$ 的一个零点, 反之亦然.

(1) $\psi_-(x)$ 在子区间 $[x_1,c]$ 上没有零点. 不妨设在子区间 $[x_1,c]$ 上 $\psi_-(x)>0$, 显然 $\psi_-(c-0)\geqslant 0$, 而 $\varphi(c-0)\varphi(c+0)$ 与 $\psi(c-0)\psi(c+0)$ 同号, 所以 $\psi(c-0)>0$, 进一步有 $\psi(c+0)>0$, 则式 (3.4.23) 右端

$$\int_{x_1}^c (h_- - g_-)\varphi_-\psi_-\,\mathrm{d}x \geqslant 0 \qquad (3.4.25)$$

由此推知

$$\psi(c-0)\varphi'(c-0) - \psi'(c-0)\varphi(c-0) \geqslant \psi_-(x_1)\varphi'_-(x_1) \qquad (3.4.26)$$

下面用反证法. 假设在区间 $(c,x_2]$ 上没有 $\psi_+(x)$ 的任何零点, 由 $\psi(c+0)>0$ 可知 $\psi_+(x)>0$, 结合式 (3.4.26) 可推知式 (3.4.24) 的左端

$$(\psi_+\varphi'_+ - \psi'_+\varphi_+)\big|_c^{x_2}$$
$$\leqslant \psi_+(x_2)\varphi'_+(x_2) - \kappa\psi_-(x_1)\varphi'_-(x_1) < 0 \qquad (3.4.27)$$

这与式 (3.4.24) 的右端

$$\int_c^{x_2} (h_+ - g_+)\varphi_+\psi_+\,\mathrm{d}x \geqslant 0 \qquad (3.4.28)$$

矛盾, 说明 $\psi_+(x)$ 在子区间 $(c,x_2]$ 上至少有一个零点.

(2) $\psi_+(x)$ 在子区间 $(c,x_2]$ 上没有零点. 不妨设在 $(c,x_2]$ 上 $\psi_+(x)>0$, 显然 $\psi(c+0)\geqslant 0$, 而 $\varphi(c-0)\varphi(c+0)$ 与 $\psi(c-0)\psi(c+0)$ 同号, 所以 $\psi(c+0)>0$, 进一步有 $\psi(c-0)>0$, 则式 (3.4.24) 右端

$$\int_{c}^{x_2}(h_+-g_+)\varphi_+\psi_+\mathrm{d}x\geqslant 0 \tag{3.4.29}$$

由此推知

$$\kappa[\psi(c-0)\varphi'(c-0)-\psi'(c-0)\varphi(c-0)]\leqslant\psi_+(x_2)\varphi'_+(x_2) \tag{3.4.30}$$

假设在区间$[x_1,c)$上没有 $\psi_-(x)$的任何零点，由 $\psi(c-0)>0$ 可知 $\psi_-(x)>0$，结合式(3.4.30)可推知式(3.4.23)的左端

$$\begin{aligned}&(\psi_-\varphi'-\psi'_-\varphi_-)|_{x_1}^{c}\\ \leqslant&-\psi_-(x_1)\varphi'_-(x_1)+\frac{1}{\kappa}\psi_+(x_2)\varphi'_+(x_2)\\ <&0\end{aligned} \tag{3.4.31}$$

这与式(3.4.23)的右端

$$\int_{x_1}^{c}(h_--g_-)\varphi_-\psi_-\mathrm{d}x\geqslant 0 \tag{3.4.32}$$

矛盾，说明 $\psi_-(x)$在子区间$[x_1,c)$上至少有一个零点.

接下来考虑 $\varphi(c-0)\varphi(c+0)<0$ 的情况. 不妨假设 $\varphi(c-0)>0$，$\varphi(c+0)<0$，则在(x_1,x_2)内，$\varphi_-(x)>0$，$\varphi_+(x)<0$，从而 $\varphi'_-(x_1)>0$，$\varphi'_+(x_2)>0$，如图 3.4.2 所示.

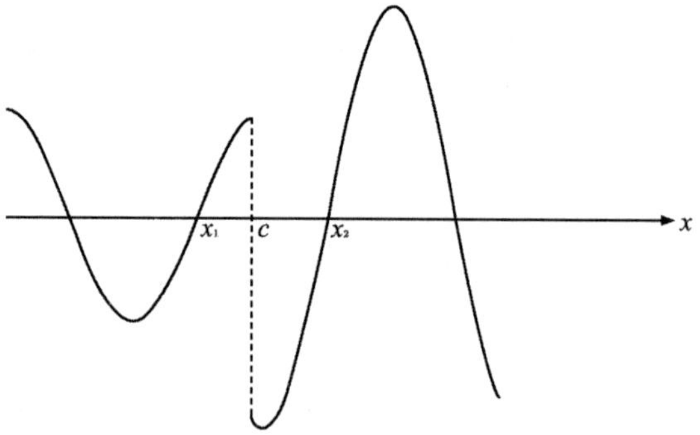

图 3.4.2　$\varphi(x)$的图像

下面证明：如果 $\psi(x)$在子区间$[x_1,c)$上无零点，那么在$(c,x_2]$上必至少有 $\psi(x)$的一个零点，反之亦然.

(1)$\psi_-(x)$在子区间$[x_1,c)$上没有零点. 不妨设在$[x_1,c)$上 $\psi_-(x)>$

0，显然 $\psi(c-0)\geqslant 0$，而 $\varphi(c-0)\varphi(c+0)$ 与 $\psi(c-0)\psi(c+0)$ 同号，所以 $\psi(c-0)>0$，进一步有 $\psi(c+0)<0$，则式(3.4.23)右端

$$\int_{x_1}^{c}(h_- - g_-)\varphi_-\psi_-\mathrm{d}x\geqslant 0 \tag{3.4.33}$$

由此推知

$$\psi(c-0)\varphi'(c-0)-\varphi'(c-0)\psi(c-0)\geqslant\psi_-(x_1)\varphi'_-(x_1) \tag{3.4.34}$$

下面用反证法.假设在区间$(c,x_2]$上没有 $\psi_+(x)$ 的任何零点，由 $\psi(c+0)<0$ 可知 $\psi_+(x)<0$，结合式(3.4.34)可推知式(3.4.24)的左端

$$\begin{aligned}&(\psi_+\varphi'_+ - \psi'_+\varphi_+)\big|_c^{x_2}\\ \leqslant{}&\psi_+(x_2)\varphi'_+(x_2)-\kappa\psi_-(x_1)\varphi'_-(x_1)\\ <{}&0\end{aligned} \tag{3.4.35}$$

这与式(3.4.24)的右端

$$\int_{c}^{x_2}(h_+ - g_+)\varphi_+\psi_+\mathrm{d}x\geqslant 0 \tag{3.4.36}$$

矛盾，说明 $\psi_+(x)$在子区间$(c,x_2]$上至少有一个零点.

(2)$\psi_+(x)$在子区间$(c,x_2]$上没有零点.不妨设在$(c,x_2]$上 $\psi_+(x)<0$，显然 $\psi(c+0)\leqslant 0$，而 $\varphi(c-0)\varphi(c+0)$ 与 $\psi(c-0)\psi(c+0)$ 同号，所以 $\psi(c+0)<0$，进一步有 $\psi(c-0)>0$，则式(3.4.24)右端

$$\int_{c}^{x_2}(h_+ - g_+)\varphi_+\psi_+\mathrm{d}x\geqslant 0 \tag{3.4.37}$$

由此推知

$$\kappa[\psi(c-0)\varphi'(c-0)-\psi'(c-0)\varphi(c-0)]<\psi_+(x_2)\varphi'_+(x_2) \tag{3.4.38}$$

假设在区间$[x_1,c)$上没有 $\psi_-(x)$ 的任何零点，由 $\psi(c-0)>0$ 可知 $\psi_-(x)>0$，结合式(3.4.38)可推知式(3.4.23)的左端

$$\begin{aligned}&(\psi_-\varphi'_- - \psi'_-\varphi_-)\big|_{x_1}^{c}\\ \leqslant{}&-\psi_-(x_1)\varphi'_-(x_1)+\frac{1}{\kappa}\psi_+(x_2)\varphi'_+(x_2)\\ <{}&0\end{aligned} \tag{3.4.39}$$

这与式(3.4.23)的右端

$$\int_{x_1}^{c}(h\_-g\_)\varphi\_\psi\_\mathrm{d}x\geqslant 0 \tag{3.4.40}$$

矛盾,说明 $\psi_(x)$在子区间 $[x_1,c)$上至少有一个零点.

由上述的证明过程易知:当 $x_1=c$ 且 $\varphi(c+0)$ 与 $\psi(c-0)\psi(c+0)$ 同号时,$\psi_+(x)$在子区间$(c,x_2]$上至少有一个零点;当 $x_2=c$ 且 $\varphi(c-0)$与 $\psi(c-0)\psi(c+0)$同号时,$\psi_(x)$ 在子区间$[x_1,c)$上至少有一个零点.

综上,结论成立.

注 3.4.1 为了叙述简单,我们把定理 3.4.2 中的 (1)(2)(3) 三种情况统称为 $\varphi(c-0)\varphi(c+0)$与 $\psi(c-0)\psi(c+0)$同号,也称 φ 和 ψ 在 c 点的"跳跃状态一致".相应地,如果 $\varphi(c-0)$,$\varphi(c+0)$,$\psi(c-0)$,$\psi(c+0)$ 之间不满足这三种情况的任何一种,则称 $\varphi(c-0)\varphi(c+0)$与 $\psi(c-0)\psi(c+0)$异号,也称 φ 和 ψ 在 c 点的"跳跃状态不一致".

推论 3.4.2 设 $\varphi(x)$,$\psi(x)$同定理 3.4.2,φ 与 ψ 在 c 点的"跳跃状态不一致".如果在不连续点 c 的两侧,$\varphi(x)$的任意两个相邻零点之间都只有 $\psi(x)$的一个零点,且

$$\begin{cases}\varphi(c-0)\psi(c-0)\geqslant 0\\ \varphi(c+0)\psi(c+0)<0\end{cases}$$

则 $\varphi(x)$的包含不连续点 c 的那两个相邻零点之间没有 $\psi(x)$的任何零点;否则,$\varphi(x)$的任何两个相邻零点之间至少有 $\psi(x)$的一个零点.

推论 3.4.3 设 $\varphi(x)$,$\psi(x)$同定理 3.4.2,且 $\varphi(a)=\psi(a)$,$\varphi'(a)=\psi'(a)$.若 $\varphi(x)$在$(a,c)\cup(c,b)$内有 m 个零点,则 $\psi(x)$在$(a,c)\cup(c,b)$内至少有 m 个零点,且在子区间$(a,c)\cup(c,b)$内,$\psi(x)$的第 i 个零点(按大小顺序排列 $i=1,2,\cdots,k(k\leqslant m)$) 必小于等于 $\varphi(x)$的第 i 个零点.

注 3.4.2 如果仍然令 $\zeta(x,\lambda)$表示 Sturm-Liouville 方程(3.4.1)满足初始条件(3.4.7)和转移条件(3.4.8)的解.由定理 3.4.1,恒取(3.4.1)中的谱参数 λ 为实值,则根据定理 3.4.2 知,当 λ 增大时,$\zeta(x,\lambda)$在$(a,c)\cup(c,b)$内零点的个数不会减少.

令 $Q_{-}(\lambda)$表示 $\zeta(x,\lambda)$在(a,c)内的零点个数,$Q_{+}(\lambda)$表示 $\zeta(x,\lambda)$在(c,b)内的零点个数,我们有下面的结论.

引理 3.4.2　(1)存在 $M>0$,使当 $\lambda<-M$ 时,$Q(\lambda)=0$;

(2) $\lim\limits_{\lambda\to+\infty} Q(\lambda)=+\infty$.

证明　令 $\zeta(x,\lambda)$表示 Sturm-Liouville 方程(3.4.1)满足初始条件(3.4.7)和转移条件(3.4.8)的解. $Q(\lambda)=Q_{-}(\lambda)+Q_{+}(\lambda)$表示 $\zeta(x,\lambda)$在$(a,c)\cup(c,b)$内的零点个数. $M=\max\limits_{x\in(a,c)\cup(c,b)}|q(x)|$.

(1)当 $\lambda+M<0$ 时,常微分方程初值问题

$$\begin{cases} y''+(\lambda+M)y=0, x\in(a,c) \\ y(a)=\sin\alpha \\ y'(a)=-\cos\alpha \end{cases} \tag{3.4.41}$$

的解为

$$\begin{aligned} \xi_{-}&=\frac{\sqrt{-(\lambda+M)}\sin\alpha-\cos\alpha}{2\sqrt{-(\lambda+M)}}e^{\sqrt{-(\lambda+M)}(x-a)}+ \\ &\quad\frac{\sqrt{-(\lambda+M)}\sin\alpha+\cos\alpha}{2\sqrt{-(\lambda+M)}}e^{-\sqrt{-(\lambda+M)}(x-a)} \\ &=\left(\frac{1}{2}\sin\alpha-\frac{\cos\alpha}{2\sqrt{-(\lambda+M)}}\right)e^{\sqrt{-(\lambda+M)}(x-a)}+ \\ &\quad\left(\frac{1}{2}\sin\alpha+\frac{\cos\alpha}{2\sqrt{-(\lambda+M)}}\right)e^{-\sqrt{-(\lambda+M)}(x-a)} \end{aligned} \tag{3.4.42}$$

由此表达式看出,当 $\lambda\to-\infty$时恒有 $\xi_{-}>0$,从而 $Q_{-}(\lambda)=0$. 此时,常微分方程初值问题

$$\begin{cases} y''+(\lambda+M)y=0, x\in(c,b) \\ y(c+0)=\gamma_1 y(c-0)+\gamma_2 y'(c-0) \\ y'(c+0)=\gamma_3 y(c-0)+\gamma_4 y'(c-0) \end{cases} \tag{3.4.43}$$

的解为

$$\xi_{+}=\frac{1}{2}\left[\gamma_1\xi(c-0,\lambda)+\gamma_2\xi'(c-0,\lambda)+\frac{\gamma_3\xi(c-0,\lambda)+\gamma_4\xi'(c-0,\lambda)}{\sqrt{-(\lambda+M)}}\right]e^{\sqrt{-(\lambda+M)}[x-(c+0)]}+\frac{1}{2}\left[\gamma_1\xi(c-0,\lambda)+\gamma_2\xi'(c-0,\lambda)-\frac{\gamma_3\xi(c-0,\lambda)+\gamma_4\xi'(c-0,\lambda)}{\sqrt{-(\lambda+M)}}\right]e^{-\sqrt{-(\lambda+M)}[x-(c+0)]} \tag{3.4.44}$$

由此表达式看出，当$\lambda\to-\infty$时恒有$\xi_{+}(x,\lambda)>0$，从而$Q_{+}(\lambda)=0$. 因此

$$\exists M>0,\ \forall\lambda<-M,\ Q(\lambda)=0 \tag{3.4.45}$$

（2）当$\lambda-M>0$时，常微分方程初值问题

$$\begin{cases} y''+(\lambda-M)y=0,x\in(a,c)\\ y(a)=\sin\alpha\\ y'(a)=-\cos\alpha\end{cases} \tag{3.4.46}$$

的解为

$$\begin{aligned}\phi_{-}(x,\lambda)&=\sin\alpha\cos\sqrt{\lambda-M}(x-a)-\frac{\cos\alpha}{\sqrt{\lambda-M}}\sin\sqrt{\lambda-M}(x-a)\\ &=\sqrt{\sin^2\alpha+\frac{\cos^2\alpha}{\lambda-M}}\left[\frac{\sin\alpha}{\sqrt{\sin^2\alpha+\frac{\cos^2\alpha}{\lambda-M}}}\cos\sqrt{\lambda-M}(x-a)-\frac{\cos\alpha}{\sqrt{(\lambda-M)\left(\sin^2\alpha+\frac{\cos^2\alpha}{\lambda-M}\right)}}\sin\sqrt{\lambda-M}(x-a)\right]\\ &\doteq B\sin(\sqrt{\lambda-M}x+\theta)\end{aligned} \tag{3.4.47}$$

这个解在(a,c)内的零点个数为

$$\left[\frac{(c-0)-a}{\pi}\sqrt{\lambda-M}\right]\text{或}\left[\frac{(c-0)-a}{\pi}\sqrt{\lambda-M}\right]+1 \tag{3.4.48}$$

此时，常微分方程初值问题

$$\begin{cases} y''+(\lambda-M)y=0, x\in(c,b) \\ y(c+0,\lambda)=\gamma_1 y(c-0,\lambda)+\gamma_2 y'(c-0,\lambda) \\ y'(c+0,\lambda)=\gamma_3 y(c-0,\lambda)+\gamma_4 y'(c-0,\lambda) \end{cases} \tag{3.4.49}$$

的解为

$$\begin{aligned} \phi_+ &= [\gamma_1\phi(c-0,\lambda)+\gamma_2\phi'(c-0,\lambda)]\cos\sqrt{\lambda-M}[x-(c+0)]- \\ &\quad \frac{\gamma_3\phi(c-0,\lambda)+\gamma_4\phi'(c-0,\lambda)}{\sqrt{\lambda-M}}\sin\sqrt{\lambda-M}[x-(c+0)] \\ &\doteq C\sin(\sqrt{\lambda-M}x+\delta) \end{aligned} \tag{3.4.50}$$

这个解在 (c,b) 内的零点个数为

$$\left[\frac{b-(c+0)}{\pi}\sqrt{\lambda-M}\right] \text{或} \left[\frac{b-(c+0)}{\pi}\sqrt{\lambda-M}\right]+1 \tag{3.4.51}$$

因此，$\phi(x,\lambda)$ 在 $(a,c)\cup(c,b)$ 内的零点个数至少为

$$\left[\frac{(c-0)-a}{\pi}\sqrt{\lambda-M}\right]+\left[\frac{b-(c+0)}{\pi}\sqrt{\lambda-M}\right] \tag{3.4.52}$$

由推论 3.4.3 知，当 $\lambda>M$ 时，$\zeta(x,\lambda)$ 在 $(a,c)\cup(c,b)$ 内的零点个数不少于

$$\left[\frac{(c-0)-a}{\pi}\sqrt{\lambda-M}\right]+\left[\frac{b-(c+0)}{\pi}\sqrt{\lambda-M}\right]$$

即

$$\lim_{\lambda\to+\infty} Q(\lambda)=+\infty \tag{3.4.53}$$

综合式(3.4.45)和式(3.4.53)，结论得证.

令 $\mathfrak{R}_k(k=0,1,2,\cdots)$ 表示实数轴 $\mathbb{R}$ 的如下点集：

$$\mathfrak{R}_0=\{\lambda\in\mathbb{R}\mid Q(\lambda)=0\}, \mathfrak{R}_k=\{\lambda\in\mathbb{R}\mid Q(\lambda)\geqslant k>0\} \tag{3.4.54}$$

则据引理 3.4.2 可知 $\mathfrak{R}_k(k=0,1,2,\cdots)$ 非空，$\mathfrak{R}_0\cup\mathfrak{R}_1=\mathbb{R}$. 由 $\zeta(x,\lambda)$ 在 $(a,c)\cup(c,b)$ 的每一个紧子集上的二元连续性可知，$\mathfrak{R}_1,\mathfrak{R}_2,\cdots$ 均为有下界的闭集.

引理 3.4.3 令 $\zeta(x,\lambda)$表示 Sturm-Liouville 方程(3.4.1)满足初始条件(3.4.7)和转移条(3.4.8)的解，且所有 $\zeta(x,\lambda)$在 c 点的跳跃状态一致. 取 $\mu_k=\min\mathfrak{R}_k(k=1,2,\cdots)$，那么 $\zeta(b,\mu_k)=0$，且 $\zeta(x,\mu_k)$在$(a,c)\cup(c,b)$内有 k 个零点.

证明 因为$\mu_k\in\mathfrak{R}_k$，因此 $\zeta(x,\mu_k)$在$(a,c)\cup(c,b)$内至少有 k 个零点，设为 $a<x_1<x_2<\cdots<x_k<\cdots$. 下面证明 $x_k=b$.

假设 $x_k<b$. 由于 $\zeta(x_k,\mu_k)=0$，因此 $\zeta'(x_k,\mu_k)\neq0$. 令 $\ell(\zeta)=\lambda\zeta$，注意到式(3.4.7)中 $\zeta(x,\lambda)$的初始值与 λ 无关，因此有

$$\ell(\zeta_\lambda)=\zeta+\lambda\zeta_\lambda,\zeta_\lambda(a,\lambda)=\zeta'_\lambda(a,\lambda)=0 \tag{3.4.55}$$

在$[a,x_k]$上对 $\zeta_\lambda(x,\mu_k)$与 $\zeta(x,\mu_k)$运用 Green 公式有

$$\int_a^c\zeta^2(x,\mu_k)\mathrm{d}x+\frac{1}{\kappa}\int_c^{x_k}\zeta^2(x,\mu_k)\mathrm{d}x=\zeta_\lambda(x_k,\mu_k)\zeta'(x_k,\mu_k) \tag{3.4.56}$$

或者

$$\int_a^c\zeta^2(x,\mu_k)\mathrm{d}x=\zeta_\lambda(x_k,\mu_k)\zeta'(x_k,\mu_k) \tag{3.4.57}$$

从而得到

$$\zeta_\lambda(x_k,\mu_k)=\frac{\int_a^c\zeta^2(x,\mu_k)\mathrm{d}x+\frac{1}{\kappa}\int_c^{x_k}\zeta^2(x,\mu_k)\mathrm{d}x}{\zeta'(x_k,\mu_k)}\neq0 \tag{3.4.58}$$

或者

$$\zeta_\lambda(x_k,\mu_k)=\frac{\int_a^c\zeta^2(x,\mu_k)\mathrm{d}x}{\zeta'(x_k,\mu_k)}\neq0 \tag{3.4.59}$$

于是由隐函数定理知，$\zeta(x,\lambda)=0$ 在(x_k,μ_k)邻域唯一能确定隐函数 $x=x(\lambda)$，$x_k=x(\mu_k)$，且

$$\begin{aligned}\frac{\mathrm{d}x}{\mathrm{d}\lambda}\Big|_{(x_k,\mu_k)}&=-\frac{\zeta_\lambda(x_k,\mu_k)}{\zeta'_\lambda(x_k,\mu_k)}\\&=-\frac{\kappa\int_a^c\zeta^2(x,\mu_k)\mathrm{d}x+\int_c^{x_k}\zeta^2(x,\mu_k)\mathrm{d}x}{\kappa\zeta'^2(x_k,\mu_k)}\\&<0\end{aligned} \tag{3.4.60}$$

或者

$$\left.\frac{\mathrm{d}x}{\mathrm{d}\lambda}\right|_{(x_k,\mu_k)}=-\frac{\kappa\int_a^c\zeta^2(x,\mu_k)\mathrm{d}x}{\kappa\zeta'^2(x_k,\mu_k)}<0 \tag{3.4.61}$$

即 x 是 λ 的减函数. 因此,如果选取 $\lambda_*<\mu_k$,使得 $x_*=x(\lambda_*)\in(x_k,b)$,则 $\zeta(x_*,\lambda_*)=0$. 由推论 3.4.3 知,$\zeta(x,\lambda_*)$在(a,x_*)内还有 $k-1$ 个零点. 这说明,$\lambda_*\in\mathfrak{R}_k$,这与 $\mu_k=\min\mathfrak{R}_k$ 矛盾. 因此,唯有 $x_k=b$.

推论 3.4.4　令 $\mu_k,\mathfrak{R}_k,\zeta(x,\lambda)$同引理 3.4.3,则$[\mu_k,\mu_{k+1})=\mathfrak{R}_k\backslash\mathfrak{R}_{k+1}=\bigcup_{j=k}^{\infty}[\mu_j,\mu_{j+1})(k=1,2,\cdots)$.

推论 3.4.5　令 $\mu_k,\mathfrak{R}_k,\zeta(x,\lambda)$同引理 3.4.3,则 $Q(\lambda)$是一个递增的阶梯函数:当 $\lambda\in[\mu_k,\mu_{k+1})$时,$Q(\lambda)=k(k=1,2,\cdots)$.

定理 3.4.3　设非连续 Sturm-Liouville 问题(3.4.1)~(3.4.5)的特征值 $\lambda_0\in\mathfrak{R}_0$ 存在唯一,$\{\lambda_n|n=0,1,2,\cdots\}$所对应的特征函数在 c 点的跳跃状态一致,则在每一个区间$[\mu_n,\mu_{n+1})(n=1,2,\cdots)$内,有且只有一个特征值 λ_n,并且其所对应的特征函数在$(a,c)\cup(c,b)$内恰有 n 个零点.

证明　显然,λ_0 所对应的特征函数 $\zeta(x,\lambda_0)$在区间$(a,c)\cup(c,b)$内没有零点. 下面证明在$\mathfrak{R}_0$ 中仅有这一个特征值. 不妨假设除了 λ_0 之外,在$\mathfrak{R}_0$ 中还有一个特征值 λ_*,满足 $Q(\lambda_*)=0$,对于特征函数 $\zeta(x,\lambda_0)$与$\zeta(x,\lambda_*)$运用 Green 公式,可得

$$\begin{aligned}&(\lambda_0-\lambda_*)\left(\int_a^c\zeta(x,\lambda_0)\zeta(x,\lambda_*)\mathrm{d}x+\frac{1}{\kappa}\int_c^b\zeta(x,\lambda_0)\zeta(x,\lambda_*)\mathrm{d}x\right)\\&\quad=\zeta(b,\lambda_0)\zeta'(b,\lambda_*)-\zeta'(b,\lambda_0)\zeta(b,\lambda_*)-\\&\qquad\zeta(a,\lambda_0)\zeta'(a,\lambda_*)-\zeta'(a,\lambda_0)\zeta(a,\lambda_*)\end{aligned} \tag{3.4.62}$$

而 $\zeta(x,\lambda_0)$ 与 $\zeta(x,\lambda_*)$ 在 c 点的跳跃状态一致，因此式(3.4.62)的左端不可能为零，而式(3.4.62)的右端为零，从而导致矛盾.

下面证明：在每一个区间$[\mu_n,\mu_{n+1})$上，问题(3.4.1)～(3.4.5)有且仅有一个特征值，记为 λ_n，并且其所对应的特征函数 $\zeta(x,\lambda_n)$ 在$(a,c)\cup(c,b)$内恰有 n 个零点.

如果在边界条件(3.4.3)中，$\sin\beta=0$，则根据引理 3.4.3 知，$\zeta(x,\mu_n)$已满足第二边条件，从而推知 $\lambda_n=\mu_n$，结论成立. 下面假设 $\sin\beta\neq0$. 在$(\mu_\kappa,\mu_{\kappa+1})$内考虑函数

$$\chi(\lambda)=\zeta'(b,\lambda)/\zeta(b,\lambda) \tag{3.4.63}$$

那么

$$\chi'(\lambda)=-\frac{\kappa\int_a^c\zeta^2(x,\lambda)\mathrm{d}x+\int_c^b\zeta^2(x,\lambda)\mathrm{d}x}{\kappa\zeta^2(b,\lambda)}<0 \tag{3.4.64}$$

即$\chi(\lambda)$为(μ_n,μ_{n+1})内严格递减的函数，于是得

$$\chi(\mu_n+0)=+\infty,\chi(\mu_n-0)=-\infty \tag{3.4.65}$$

由中值定理，一定存在唯一的 $\lambda_n\in(\mu_n,\mu_{n+1})$，使

$$\chi(\lambda_n)=\frac{\zeta'(b,\lambda_n)}{\zeta(b,\lambda_n)}=-\frac{\cos\beta}{\sin\beta} \tag{3.4.66}$$

即

$$\zeta(b,\lambda_n)\cos\beta+\zeta'(b,\lambda_n)\sin\beta=0 \tag{3.4.67}$$

这说明了 $\zeta(x,\lambda_n)$是特征函数，即 λ_n 为特征值. 因为 $\lambda_n\in(\mu_n,\mu_{n+1})\in\Re_n$，由推论 3.4.5 知，该特征函数在$(a,c)\cup(c,b)$内恰有 n 个零点.

事实上，Sturm-Liouville 问题(3.4.1)～(3.4.5)最多有两个特征值满足 $Q(\lambda)=0$，这样的特征值如果存在，不妨设为 λ_* 和 λ^*，取 $\lambda_0=\min\{\lambda_*,\lambda^*\}$，$\lambda_1=\max\{\lambda_*,\lambda^*\}$，此时特征函数 $\zeta(x,\lambda_1)$ 与 $\zeta(x,\lambda_0)$在 c 点的跳跃状态不一致. 假定还有一个特征值 $\lambda_\#$，满足 $Q(\lambda_\#)=0$. 此时，或者 $\zeta(x,\lambda_\#)$与 $\zeta(x,\lambda_0)$在 c 点的跳跃状态不一致，或者 $\zeta(x,\lambda_\#)$与 $\zeta(x,\lambda_1)$在 c 点的跳跃状态不一致，两种情况下，均有 $Q(\lambda_\#)>0$，从而导致矛盾. 同理可

知,满足 $Q(\lambda)=k>0$ 的特征值最多只有两个 λ_k 和 λ_{k+1},且仅当 $\zeta(x,\lambda_k)$ 与 $\zeta(x,\lambda_{k+1})$ 在 c 点的跳跃状态不一致时. 由此,如果 $\zeta(x,\lambda_k)$ 与 $\zeta(x,\lambda_{k+1})$ 在 c 点的跳跃状态不一致,那么

$$Q(\lambda_{k+1})-Q(\lambda_k)=\begin{cases}0,\zeta(x,\lambda_k)\text{与}\zeta(x,\lambda_0)\text{在 }c\text{ 点的跳跃状态一致}\\2,\zeta(x,\lambda_k)\text{与}\zeta(x,\lambda_0)\text{在 }c\text{ 点的跳跃状态不一致}\end{cases}\tag{3.4.68}$$

为了与经典 S-L 问题的振动性理论在结论的叙述上保持一致,给出如下陈述.

定理 3.4.4　设非连续 Sturm-Liouville 问题(3.4.1)～(3.4.5)满足 $Q(\lambda)=0$ 的所有特征值都存在,取 $\lambda_0=\min\{\lambda \mid Q(\lambda)=0\}$,其所对应的特征函数在$(a,c)\cup(c,b)$内无零点. 除此之外,其他所有的特征值 λ_n $(n=1,2,\cdots)$所对应的特征函数如果与 λ_0 所对应的特征函数在 c 点的跳跃状态不一致,由于函数值正负的变化,可以把不连续点 c 算作一个“虚拟”零点,那么 Sturm-Liouville 问题(3.4.1)～(3.4.5)的特征值 λ_n $(n=1,2,\cdots)$所对应的特征函数在$(a,c)\cup(c,b)$内恰有 n 个零点.

3.4.3　数值实例

本节给出两个数值实例,用于直观说明定理 3.4.4 中的结论.

例 3.4.1　令

$$q=\begin{cases}1+\dfrac{2}{1+x^2},x\in[0,1)\\[2mm]1+\dfrac{2}{2+x^2},x\in(1,2]\end{cases}$$

那么,$\lambda_*=1$ 是 Sturm-Liouville 问题

$$\begin{cases}-y''+qy=\lambda y,\ x\in[0,2]\\y'(0)=0=2y(2)-3y'(2)\\\boldsymbol{Y}(1+0)=\begin{pmatrix}3/2&0\\1/3&2/3\end{pmatrix}\boldsymbol{Y}(1-0)\end{cases}\tag{3.4.69}$$

的特征值，其相应的特征函数为

$$y_*(x)=\begin{cases}1+x^2, x\in[0,1)\\2+x^2, x\in(1,2]\end{cases}\tag{3.4.70}$$

给定精度 accuracy＝0.000 1，运行程序，得到区间[－10，50]内的单特征值及特征值对应的特征函数图像如图 3.4.3～图 3.4.8 所示，图中虚线表示数值解，实线表示精确解. 图 3.4.3 对数值解与精确解进行了比较，说明数值解与精确解的拟合程度较好.

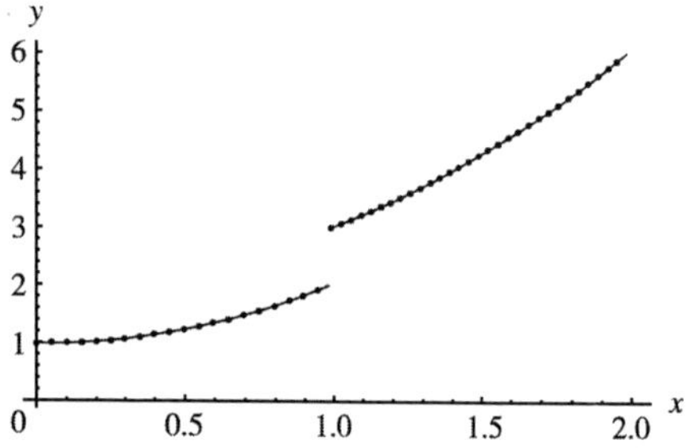

图 3.4.3　$\lambda_0=1.0$

$y\_(1)=2, y_+(1)=3.000\,2$

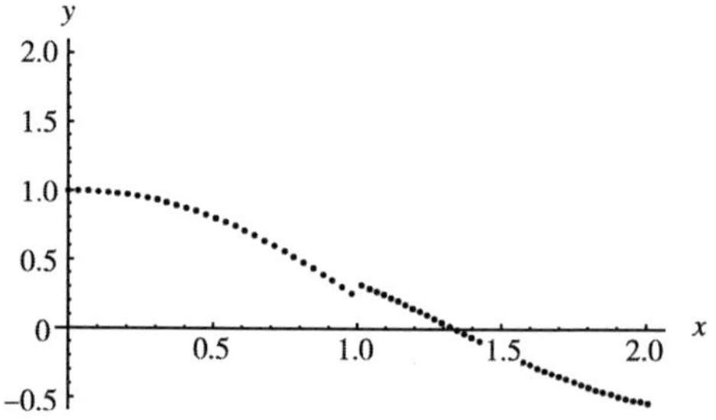

图 3.4.4　$\lambda_1=4.621\,7$

$y\_(1)=0.212\,8, y_+(1)=0.319\,0$

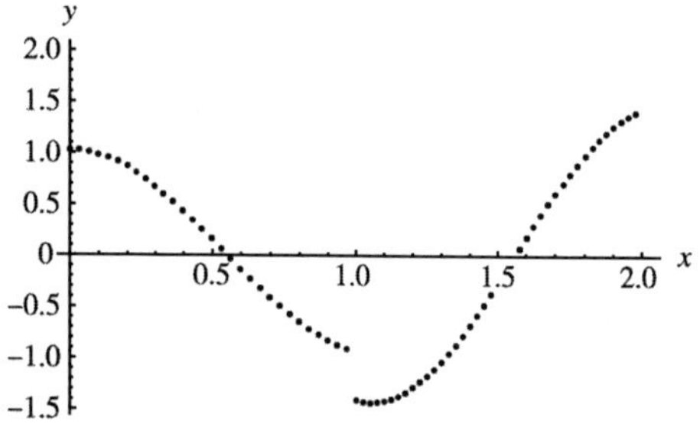

图 3.4.5　$\lambda_2=11.098\,2$

$y\_(1)=-0.940\,5, y_+(1)=-1.410\,8$

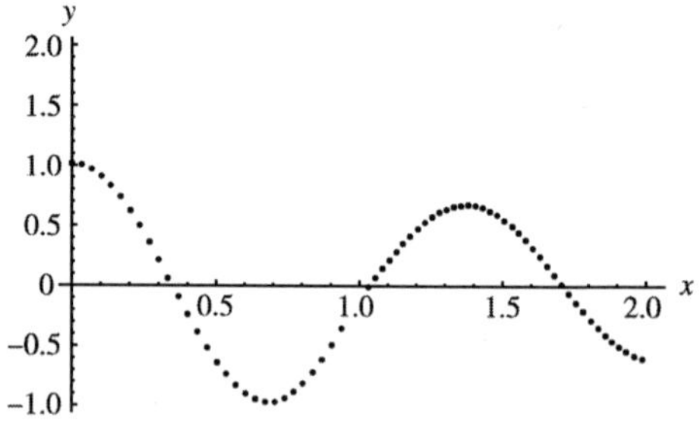

图 3.4.6　$\lambda_3=24.054\,1$

$y\_(1)=-0.077\,8, y_+(1)=-0.116\,3$

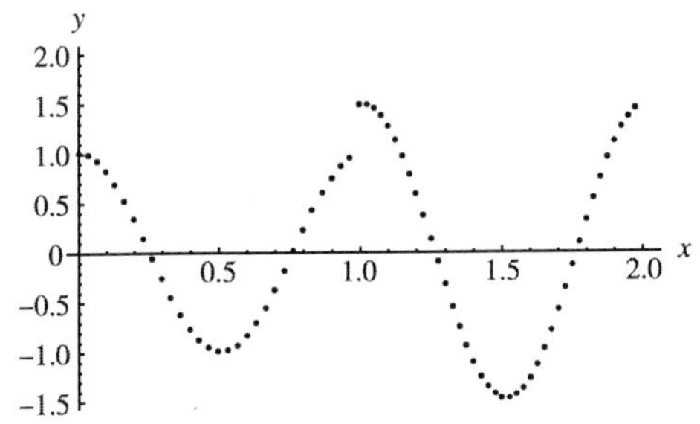

图 3.4.7　$\lambda_4=40.6844$

$y\_(1)=0.9872, y_+(1)=1.4809$

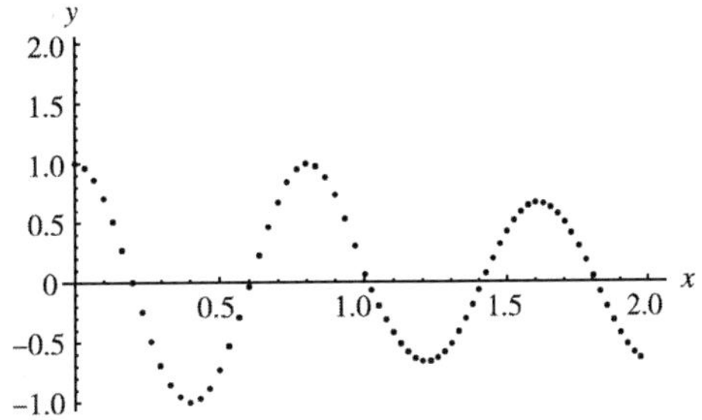

图 3.4.8　$\lambda_5=63.5179$

$y\_(1)=0.0471, y_+(1)=0.0702$

例 3.4.2　令

$$q=\begin{cases}1+\dfrac{2}{1+x^2},\ x\in[0,1)\\[2mm] 1+\dfrac{2}{2+x^2},\ x\in(1,2]\end{cases} \tag{3.4.71}$$

那么，$\lambda_*=1$ 是 Sturm-Liouville 问题

$$\begin{cases}-y''+qy=\lambda y, x\in[0,2]\\ y'(0)=0=2y(2)-3y'(2)\\ \boldsymbol{Y}(1+0)=\begin{pmatrix}1 & 1/2\\ 0 & 1\end{pmatrix}\boldsymbol{Y}(1-0)\end{cases} \tag{3.4.72}$$

的特征值，其相应的特征函数为

$$y_*(x)=\begin{cases}1+x^2,\ x\in[0,1)\\ 2+x^2,\ x\in(1,2]\end{cases}$$

给定精度 accuracy＝0.0001，运行程序，得到区间[－10,50]内的单特征值及特征值对应的特征函数图像如图 3.4.9～图 3.4.14 所示，图中虚线表示数值解，实线表示精确解. 图 3.4.9 对数值解与精确解进行了比较，说明数值解与精确解的拟合程度较好.

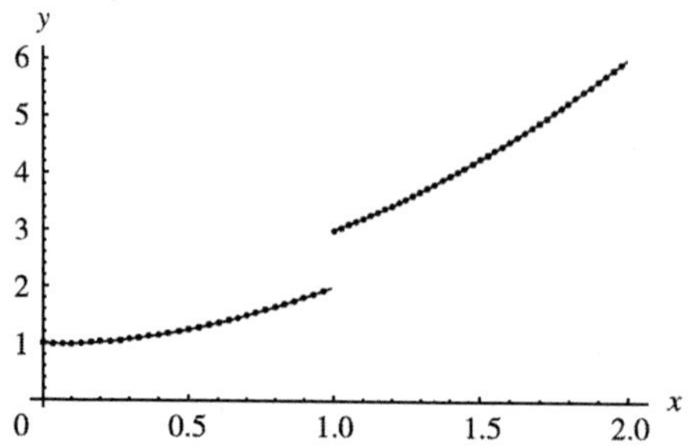

图 3.4.9　$\lambda_0=1.0$

$y_{-}(1)=27$，$y_{+}(1)=3.000\ 2$

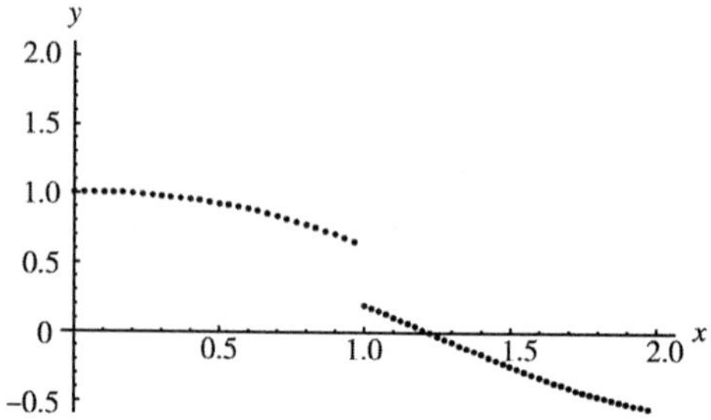

图 3.4.10　$\lambda_1=3.573\ 0$

$y_{-}(1)=0.622\ 2$，$y_{+}(1)=0.196\ 9$

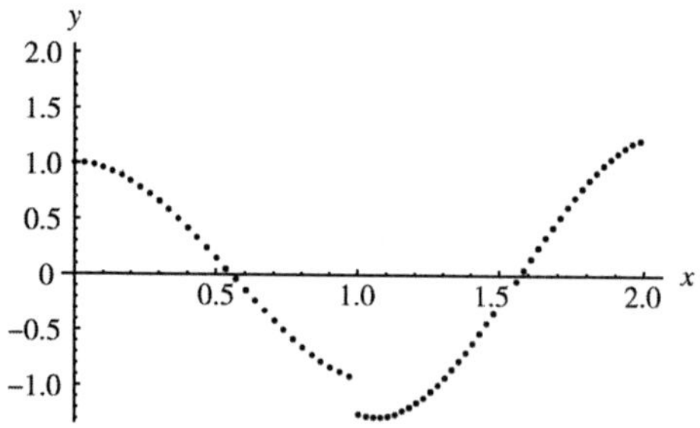

图 3.4.11　$\lambda_2=11.076\ 2$

$y_{-}(1)=-0.939\ 6$，$y_{+}(1)=-1.263\ 0$

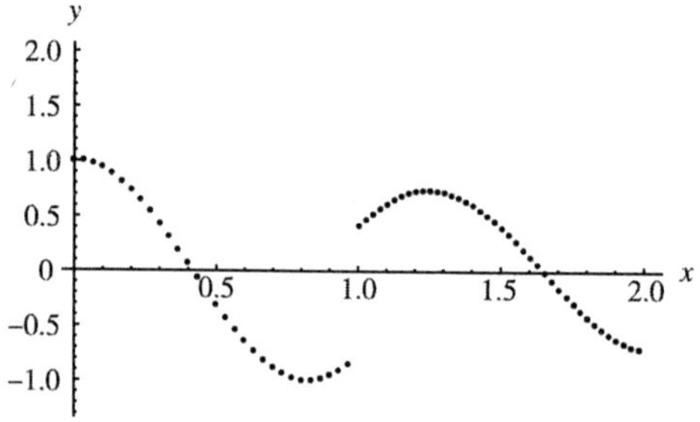

图 3.4.12　$\lambda_3=17.074\ 3$

$y_{-}(1)=-0.772\ 5$，$y_{+}(1)=0.408\ 6$

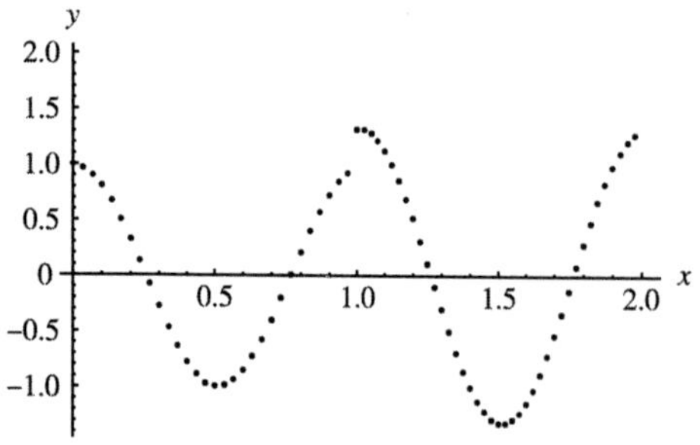

图 3.4.13　$\lambda_4=40.662\ 8$

$y_{-}(1)=0.987\ 0$，$y_{+}(1)=-0.594\ 5$

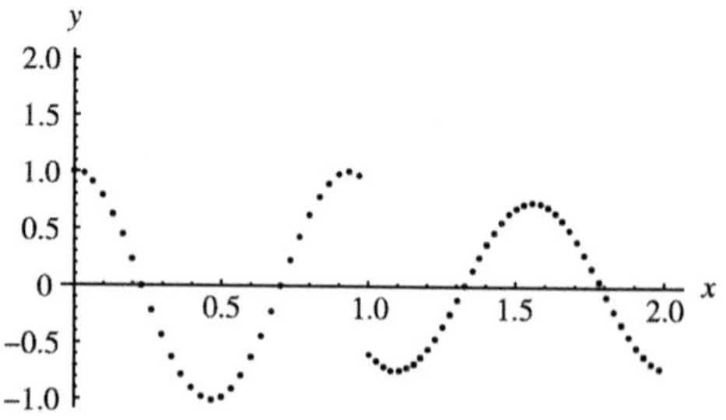

图 3.4.14　$\lambda_5=47.992\ 0$

$y_{-}(1)=0.892\ 8$，$y_{+}(1)=-2.290\ 0$

3.5　特征值的交错性

本节讨论非连续 Sturm-Liouville 问题的特征值与定型 Sturm-Liouville 问题特征值之间的交错关系. 对于非连续问题，找到两个相关的定型 Sturm-Liouville 问题，使得该问题的第 $n(n\in\mathbb{Z}^{*})$ 个特征值一定介于这两个定型问题的第 n 个与第 $n+1$ 个特征值之间，从而建立了非连续与定型问题特征值之间的不等式.

对于 Sturm-Liouville 方程

$$-(py')'+qy=\lambda wy,x\in(a,b) \tag{3.5.1}$$

其中 $\lambda\in\mathbb{C}$ 是谱参数，系数函数 p、势函数 q 以及权函数 w 满足以下条件

$$-\infty\leqslant a<b\leqslant+\infty,1/p,q,w\in L((a,b),\mathbb{R}),w>0 \tag{3.5.2}$$

对于某个点 $c\in(a,b)$，

$$\operatorname{sgn}(x-c)p(x)>0,x\in(a,b) \tag{3.5.3}$$

注意到，系数函数 p 在 (a,b) 内有一个非连续点 c，即

$$\begin{cases}p(x)<0,x\in[a,c)\\ p(x)>0,x\in(c,b]\end{cases})$$

对方程(3.5.1)，赋予边界条件

$$\begin{cases}\cos\alpha\cdot y(a)-\sin\alpha\cdot(py')(a)=0,\\ \cos\beta\cdot y(b)-\sin\beta\cdot(py')(b)=0,\end{cases}\alpha\in(0,\pi],\beta\in(0,\pi] \tag{3.5.4}$$

Sturm-Liouville 问题(3.5.1)～(3.5.4)的特征值记为 $\{\lambda_k\},k\in\mathbb{Z},\lambda_k$ 是实的、单重的、没有有限聚点，且上下无界，即

$$\cdots<\lambda_{-2}<\lambda_{-1}<\lambda_0<\lambda_1<\lambda_2<\cdots \tag{3.5.5}$$

为了确定 Sturm-Liouville 问题(3.5.1)～(3.5.4)的特征值，引入常型自共轭 Sturm-Liouville 问题

$$\begin{cases}-(py')'+qy=\lambda wy,x\in(a,c)\\ \cos\alpha\cdot y(a)-\sin\alpha\cdot(py')(a)=0\\ \cos\gamma\cdot y(c)-\sin\gamma\cdot(py')(c)=0\end{cases} \tag{3.5.6}$$

其特征值

$$\mu_0(\gamma)>\mu_{-1}(\gamma)>\mu_{-2}(\gamma)>\cdots\to-\infty \tag{3.5.7}$$

及问题

$$\begin{cases}-(py')'+qy=\lambda wy, x\in(c,b)\\ \cos\gamma\cdot y(c)-\sin\gamma\cdot(py')(c)=0\\ \cos\beta\cdot y(b)-\sin\beta\cdot(py')(b)=0\end{cases} \tag{3.5.8}$$

其特征值

$$\upsilon_0(\gamma)<\upsilon_1(\gamma)<\upsilon_2(\gamma)<\cdots\to+\infty \tag{3.5.9}$$

问题(3.5.6)和问题(3.5.8)的系数函数 p 在两个子区间内不变号，且 $\gamma\in[0,\pi)$. 问题(3.5.6)和问题(3.5.8)特征值的指标可以借助 Prüfer 变换通过求解常微分方程得到.

3.5.1 预备知识

下面的结论众所周知[12].

引理 3.5.1 Sturm-Liouville 问题(3.5.1)～(3.5.4)的特征值都是实的.

引理 3.5.2 在区间$[0,\pi)$上，每一个 μ_j 都是连续的、单调递增的，且有

$$\lim_{\gamma\to\pi-}\mu_0(\gamma)=+\infty, \lim_{\gamma\to\pi-}\mu_{-j}(\gamma)=\mu_{-j+1}(0), j\geqslant1 \tag{3.5.10}$$

$$\lim_{j\to+\infty}u_{-j}(\gamma)=-\infty, \gamma\in[0,\pi) \tag{3.5.11}$$

每一个 υ_j 都是连续的、单调递减的，且有

$$\lim_{\gamma\to\pi-}\upsilon_0(\gamma)=-\infty, \lim_{\gamma\to\pi-}\upsilon_j(\gamma)=\upsilon_{j-1}(0), j\geqslant1 \tag{3.5.12}$$

$$\lim_{j\to+\infty}\upsilon_j(\gamma)=+\infty, \gamma\in[0,\pi) \tag{3.5.13}$$

证明 参见文献[71].

定义 3.5.1 对于 Sturm-Liouville 方程(3.5.1)的任意非平凡实解 y，在$[a,b]$上有两个绝对连续的实函数 ρ 和 θ，对于任意的 $x\in[a,b]$都有 $\rho(x,\lambda)\neq0$，并且

$$y=\rho\sin\theta, py'=\rho\cos\theta, 0\leqslant\theta(a,\lambda)<\pi \tag{3.5.14}$$

函数 θ 称为解函数 y 的 Prüfer 角.

注 3.5.1　解函数 y 满足自共轭的边界条件(3.5.4)当且仅当

$$\theta(a,\lambda)=\alpha,\theta(b,\lambda)=\beta+n\pi,n\in\mathbb{Z} \tag{3.5.15}$$

因为每一个特征值的几何重数都是 1,它所对应的所有实特征函数的 Prüfer 角都相同,因此被称为特征值的 Prüfer 角.

经过简单推导,可得 Prüfer 角满足微分方程

$$\theta'=\frac{1}{p}\cos^2\theta+(\lambda w-q)\sin^2\theta,x\in(a,b) \tag{3.5.16}$$

式(3.5.2)中的可积性条件表明,对于每一个 $\lambda\in\mathbb{R}$,初始条件 $\theta(a,\lambda)=\alpha$ 确定了方程(3.5.16)的唯一解 $\theta(\cdot,\lambda)$. 这些解 θ 称为方程(3.5.1)的 Prüfer 角.

对于每一个 $\alpha\in\mathbb{R}$,关于方程(3.5.1)的 Prüfer 角 $\theta=\theta(\cdot,\lambda)$ 有下面两个基本结论,证明参见文献[12]和文献[198].

引理 3.5.3　如果 $x_*\in(a,b]$,则 $\theta(x_*,\lambda)$ 关于 $\lambda\in\mathbb{R}$ 是单调递增的.

下列引理给出了 $\mu_{-j}(\gamma)$ 和 $\upsilon_k(\gamma)$ 的 Prüfer 角刻画.

引理 3.5.4　令 $\gamma\in[0,\pi)$.

(1)对于每一个整数 $j\geqslant 0$,$\mu_{-j}(\gamma)$ 是 Sturm-Liouville 问题(3.5.6)唯一的特征值,其 Prüfer 角 $\theta(\cdot,\mu_{-j}(\gamma))$ 满足

$$\theta(a,\mu_{-j}(\gamma))=\alpha,\theta(c,\mu_{-j}(\gamma))=\gamma-j\pi \tag{3.5.17}$$

(2)对于每一个整数 $k\geqslant 0$,$\upsilon_k(\gamma)$ 是 Sturm-Liouville 问题(3.5.8)唯一的特征值,它的 Prüfer 角 $\theta(\cdot,\upsilon_k(\gamma))$ 满足

$$\theta(c,\upsilon_k(\gamma))=\gamma,\theta(b,\upsilon_k(\gamma))=\beta+k\pi \tag{3.5.18}$$

证明　(1)在 (a,c) 内,$-p>0$. 令 $\tilde{\alpha}=\pi-\alpha$ 且 $\tilde{\gamma}=\pi-\gamma$,则有 $\tilde{\alpha}\in[0,\pi)$,$\tilde{\gamma}\in(0,\pi]$. 由 Sturm-Liouville 方程

$$-(-py')'+(-q)y=-\lambda wy,x\in(a,c) \tag{3.5.19}$$

和分离边界条件

$$\begin{aligned}&\cos\tilde{\alpha}\cdot y(a)-\sin\tilde{\alpha}\cdot(-py')(a)=0\\&\cos\tilde{\gamma}\cdot y(c)-\sin\tilde{\gamma}\cdot(-py')(c)=0\end{aligned} \tag{3.5.20}$$

构成的 Sturm-Liouville 问题的特征值是 $-\mu_0(\gamma),-\mu_{-1}(\gamma),-\mu_{-2}(\gamma),\cdots$.

由式(3.5.16)可知,如果 $\theta(x,\lambda)$ 是 Sturm-Liouville 方程满足 $\theta(a,\lambda)=\alpha$ 的 Prüfer 角,那么式(3.5.19)满足 $\widetilde{\theta}(a,\lambda)=\widetilde{\alpha}$ 的 Prüfer 角一定是 $\widetilde{\theta}(x,\lambda)=\pi-\theta(x,-\lambda)$.

(2)$\gamma\in[0,\pi)$ 且 $\beta\in(0,\pi]$. 证明参见文献[198].

3.5.2 λ_n 的几何刻画

下面是这一节的关键引理.

引理 3.5.5 一个实数 λ_* 是 Sturm-Liouville 问题(3.5.1)～(3.5.4)的特征值当且仅当存在 $\gamma\in[0,\pi)$ 满足 λ_* 既是 Sturm-Liouville 问题(3.5.6)的特征值,也是 Sturm-Liouville 问题(3.5.8)的特征值.

证明 假设 $\lambda_*\in\mathbb{R}$ 是 Sturm-Liouville 问题(3.5.1)～(3.5.4)的特征值,那么一定有一个实的特征函数 y_* 与 λ_* 相对应. 令 $\gamma\in[0,\pi)$ 满足 $\cos\gamma\cdot y_*(c)=\sin\gamma\cdot(py'_*)(c)$. 那么,$\lambda_*$ 既是 Sturm-Liouville 问题(3.5.6)的特征值,也是 Sturm-Liouville 问题(3.5.8)的特征值,其特征函数分别是 $y_-(a,c)$ 和 $y_+(c,b)$.

相反,令 λ_* 既是 Sturm-Liouville 问题(3.5.6)的特征值,也是 Sturm-Liouville 问题(3.5.8)的特征值,其特征函数分别是 y_- 和 y_+. 因为 $\cos\gamma\cdot y_-(c)-\sin\gamma\cdot(py'_-)(c)=0=\cos\gamma\cdot y_+(c)-\sin\gamma\cdot(py'_+)(c)$,则有唯一的常数 $M\in\mathbb{R}$ 满足 $y_-(c)=My_+(c)$ 及 $(py'_-)(c)=M(py'_+)(c)$. 因此,

$$y_*(x)=\begin{cases}y_-(x), & x\in(a,c)\\ My_+(x), & x\in(c,b)\end{cases} \tag{3.5.21}$$

是 $\lambda=\lambda_*$ 时方程(3.5.1)的解. 进一步,$\lambda_*\in\mathbb{R}$ 是 Sturm-Liouville 问题(3.5.1)～(3.5.4)的特征值,其特征函数是 y_*.

下面给出 Sturm-Liouville 问题(3.5.1)～(3.5.4)特征值的几何刻画.

定理 3.5.1 在$[0,\pi)$上

(1)Sturm-Liouville 问题(3.5.6)的特征值曲线 $\lambda=\mu_0(\gamma),\lambda=\mu_{-1}(\gamma)$,

$\lambda=\mu_{-2}(\gamma)$,…和 Sturm-Liouville 问题(3.5.8)的特征值曲线 $\lambda=\upsilon_0(\gamma)$, $\lambda=\upsilon_1(\gamma)$, $\lambda=\upsilon_2(\gamma)$,…交点的 λ—坐标是问题(3.5.1)～问题(3.5.4)的特征值;

(2)在$[0,\pi)$上,对于任意的 $j\geqslant 0$ 和 $k\geqslant 0$,曲线 $\lambda=\mu_{-j}(\gamma)$和 $\lambda=\upsilon_k(\gamma)$只有一个交点.

证明　(1)由引理 3.5.5 直接得到.

(2)由 μ_{-j} 单调递增和 υ_k 单调递减直接得到.

图 3.5.1 展示了特征值的几何刻画,在相应的交点附近标出了特征值.特征值的指标可以通过 Prüfer 确定. 定理 3.5.2 和推论 3.5.1 证明了特征值的存在性,并给出它们的 Prüfer 角刻画.

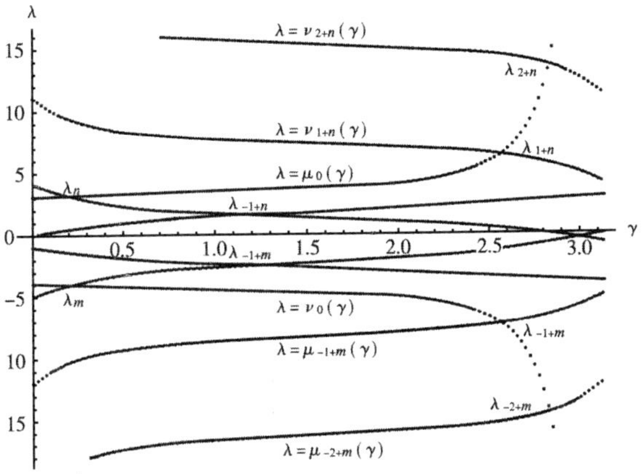

图 3.5.1　特征值曲线的交点

定理 3.5.2　考虑 Sturm-Liouville 问题(3.5.1)～(3.5.4).

(1)该问题的特征值上下无界,即

$$-\infty\leftarrow\cdots,\lambda_{-2},\lambda_{-1},\lambda_0,\lambda_1,\lambda_2,\cdots\rightarrow+\infty \tag{3.5.22}$$

(2)对每一个 $n\in\mathbb{Z}$,该问题都有唯一的特征值 λ_n,使方程(3.5.1)有实数解,其 Prüfer 角 $\theta(\cdot,\lambda_n)$满足

$$\theta(a,\lambda_n)=\alpha,\theta(b,\lambda_n)=\beta+n\pi \tag{3.5.23}$$

(3)该问题只有特征值$\{\lambda_n:n\in\mathbb{Z}\}$.

证明 (1)当 $\gamma\in(0,\pi)$时，对于每一个充分大的 $j\in\mathbb{N}$，曲线 $\lambda=\mu_{-j}(\gamma)$和 $\lambda=\upsilon_0(\gamma)$一定相交. 因此，该问题有无限多个负的特征值. 由式(3.5.10)可知，$\lambda=\mu_{-j}(\gamma)$和 $\lambda=\upsilon_0(\gamma)$ 的交点所对应的特征值 $\lambda_*<\mu_{-j+1}(0)$. 因此，由式 (3.5.11)，该问题有无限多个负特征值，负特征值趋于 $-\infty$. 相似地，该问题有无限多个正的特征值，正的特征值趋于 $+\infty$.

(2) 令 $j\in\mathbb{N}$充分大. 那么，在$(0,\pi)$内，曲线 $\lambda=\mu_{-j}(\gamma)$和 $\lambda=\upsilon_0(\gamma)$的交点记为$(\gamma,\lambda)=(\gamma_*,\lambda_*)$，其 Prüfer 角 $\theta(\cdot,\lambda_*)$满足

$$\begin{aligned}&\theta(a,\lambda_*)=\alpha,\theta(c,\lambda_*)=\gamma_*+(-j)\pi\\&\theta(b,\lambda_*)=\beta+(-j+0)\pi\end{aligned}\tag{3.5.24}$$

相似地，对于每一个充分大的 $k\in\mathbb{N}$，都有 $\gamma^*\in(0,\pi)$使得该问题有特征值 λ^*，其 Prüfer 角 $\theta(\cdot,\lambda^*)$满足

$$\begin{aligned}&\theta(a,\lambda^*)=\alpha,\theta(c,\lambda^*)=\gamma^*\\&\theta(b,\lambda^*)=\beta+(0+k)\pi\end{aligned}\tag{3.5.25}$$

考虑由初始条件 $\theta(a,\lambda)=\alpha$ 确定的方程(3.5.1)的 Prüfer 角 $\theta(\cdot,\lambda)$. $\theta(b,\lambda)$关于$\lambda\in\mathbb{R}$的连续性表明对于每一个 $n\in\mathbb{Z}$，λ_n 的存在性. 进一步，由于$\theta(b,\lambda)$关于$\lambda\in\mathbb{R}$是单调递增的，由引理 3.5.4，每一个 λ_n 都是唯一的.

结合(2)和引理 3.5.1，可以直接得到(3).

注 3.5.2 定理 3.5.2 的证明思想可以推广到 p 仅变号有限次的情形. 图 3.5.2 展示了 p 的符号首先由负号变为正号，然后从正号变到负号的情形.

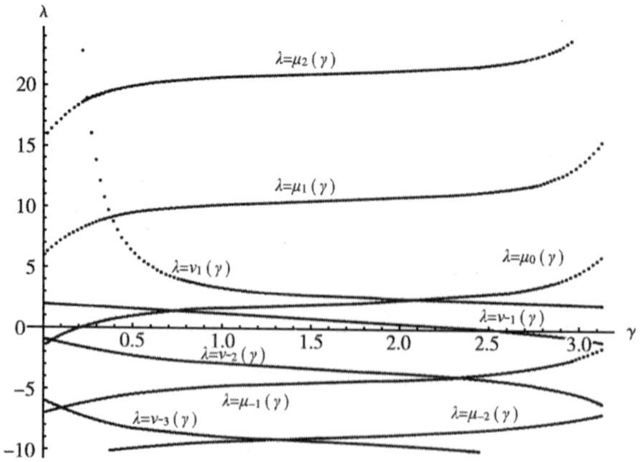

图 3.5.2 p 符号的变化情况

基于式(3.5.23),可以由特征函数的零点个数确定特征值的指标.

定理 3.5.3　假设 $\lambda_n(n\in\mathbb{Z})$是 Sturm-Liouville 问题(3.5.1)～(3.5.4)的特征值,且 y_n 是相应的特征函数. 令 n_+ 是 y_n 在(c,b)区间内的零点个数,$\tilde{n}_$是 y_n 在(a,c)区间内的零点个数,则

$$n=n_+-\tilde{n}\_ \tag{3.5.26}$$

证明　假设 λ_n 是曲线 $\lambda=\mu_{-j}(\gamma)$和 $\lambda=\upsilon_k(\gamma)$的交点,其中 $\gamma=\gamma_n\in[0,\pi)$,$j\geqslant 0$ 且 $k\geqslant 0$. 不失一般性,进一步假设 y_n 是实值的. 那么,y_n 的 Prüfer 角 $\theta(\cdot,\lambda_n)$满足

$$\begin{aligned}&\theta(a,\lambda_n)=\alpha,\theta(c,\lambda_n)=\gamma_n+(-j)\pi\\&\theta(b,\lambda_n)=\beta+(-j+k)\pi\end{aligned} \tag{3.5.27}$$

因此,$n=k-j$.

y_n 在区间(a,c)内的零点个数是 j,在区间(c,b)内的零点个数是 k,$n_+=k$,$\tilde{n}\_=j$,因此 $n_+-\tilde{n}\_=k-j=n$.

上面的证明解释了定理 3.5.3 中 n_+和 $\tilde{n}_$的定义. 值得一提的是,当 c 是 Sturm-Liouville 问题(3.5.1)～(3.5.4)特征函数的零点时,它对于 n_+和 $\tilde{n}_$没有任何意义,因为 p 在 c 点变号. 此外,上述的证明隐含着下面的事实.

推论 3.5.1　在$[0,\pi)$上,曲线 $\lambda=\mu_{-j}(\gamma)$和 $\lambda=\upsilon_k(\gamma)$的交点是特征值,该特征值的指标是$-j+k$.

3.5.3　特征值之间的交错关系

本节以特征值之间的局部交错关系开始.

定理 3.5.4　(1)令 $m\in\mathbb{Z}$ 满足

$$\lambda_m\leqslant\upsilon_0(0)<\lambda_{m+1} \tag{3.5.28}$$

则有 $m\leqslant 0$,且

$$\cdots<\mu_{m-2}(0)<\lambda_{m-2}<\mu_{m-1}(0)<\lambda_{m-1}<\mu_m(0)\leqslant\lambda_m \tag{3.5.29}$$

(2)令 $n\in\mathbb{Z}$ 满足

$$\lambda_{n-1}<\mu_0(0)\leqslant\lambda_n \tag{3.5.30}$$

则有 $n\geqslant 0$，且

$$\lambda_n\leqslant\upsilon_n(0)<\lambda_{n+1}<\upsilon_{n+1}(0)<\lambda_{n+2}<\upsilon_{n+2}(0)<\cdots \tag{3.5.31}$$

证明 （1）令 $i\in\mathbb{Z}$ 且 $i\leqslant m$. 那么 $\lambda_i\leqslant\lambda_m$. 由式（3.5.28）以及 υ_k 的单调递减性可知，在 $[0,\pi)$ 上，若 $j\geqslant 0$，则曲线 $\lambda=\mu_{-j}(\gamma)$ 和 $\lambda=\upsilon_0(\gamma)$ 的交点是 λ_i. 由推论 3.5.1 得，$-j=i$. 因此，当 $m\leqslant 0$ 时，由 μ_k 的单调递增性可得，式（3.5.29）成立，如图 3.5.3 所示.

（2）证明是相似的.

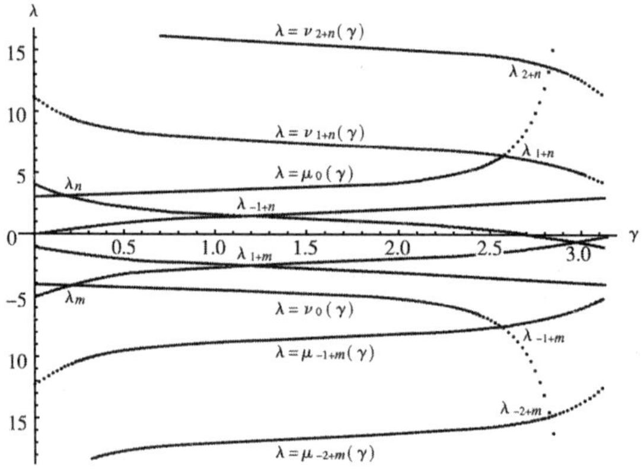

图 3.5.3　特征值曲线的单调性

分别用 p_+ 和 p_- 表示 p 正的部分和负的部分. 定理 3.5.5 给出了系数函数变号的 Sturm-Liouville 问题特征值渐近式，该渐近式是定理 3.5.4 的直接结果.

定理 3.5.5　Sturm-Liouville 问题（3.5.1）～（3.5.4）的特征值满足

$$\lambda_n\sim\pm\frac{n^2\pi^2}{\left[\int_a^b\frac{w(x)}{p_\pm(x)}\mathrm{d}x\right]^2},n\to\pm\infty \tag{3.5.32}$$

例 3.5.1　固定 $m\in\mathbb{Z}$ 且 $m\leqslant -2$，考虑 Sturm-Liouville 问题

$$-(py')'+qy=\lambda y,x\in(-\pi,\pi) \tag{3.5.33}$$

$$y(-\pi)=0=y(\pi) \tag{3.5.34}$$

其中

$$p(x)=\operatorname{sgn}(x),x\in(-\pi,\pi)$$

$$q(x)=\begin{cases}(m-1)^2,x\in(-\pi,0)\\0,\qquad x\in(0,\pi)\end{cases}\tag{3.5.35}$$

则有

$$\mu_{-j}(0)=(m-1)^2-(j+1)^2,j\geqslant 0$$

$$\upsilon_k(0)=(k+1)^2,k\geqslant 0\tag{3.5.36}$$

图 3.5.4 展示了 $m=-3$ 的情形. λ_{-3} 和 λ_{-2} 都在 $(\mu_{-3}(0),\mu_{-2}(0))=(0,7)$ 之内. 事实上, λ_{-1} 也在这个区间内.

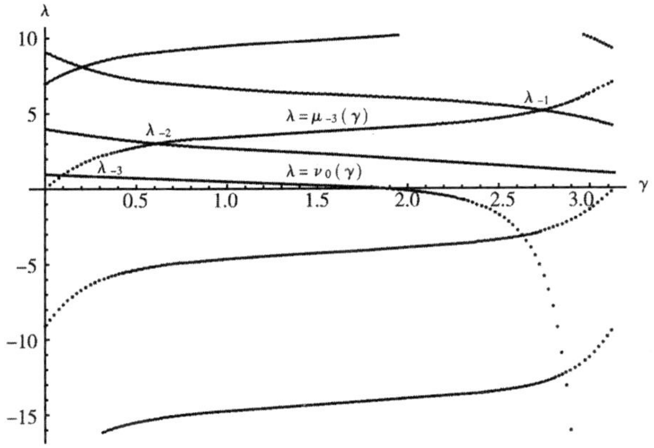

图 3.5.4　$m=-3$ 时,特征值曲线的交点

定理 3.5.6　固定 $\gamma\in(0,\pi)$.

(1)令 $m\in\mathbb{Z}$ 满足

$$\lambda_m\leqslant\upsilon_0(\gamma)<\lambda_{m+1}\tag{3.5.37}$$

则有 $m\leqslant 0$,且

$$\begin{aligned}\cdots&<\mu_{m-2}(\gamma)<\lambda_{m-2}<\mu_{m-1}(0)\\&<\mu_{m-1}(\gamma)<\lambda_{m-1}<\mu_m(0)<\mu_m(\gamma)\leqslant\lambda_m\end{aligned}\tag{3.5.38}$$

(2)令 $n\in\mathbb{Z}$ 满足

$$\lambda_{n-1}<\mu_0(\gamma)\leqslant\lambda_n\tag{3.5.39}$$

则有 $n\geqslant 0$，且

$$\begin{aligned}&\lambda_n\leqslant \upsilon_n(\gamma)<\upsilon_n(0)<\lambda_{n+1}<\upsilon_{n+1}(\gamma)\\&<\upsilon_{n+1}(0)<\lambda_{n+2}<\upsilon_{n+2}(\gamma)<\cdots\end{aligned}\tag{3.5.40}$$

利用定理 3.5.4 得到下面全局交错关系.

定理 3.5.7 令 m 和 n 分别满足式(3.5.28)和式(3.5.30).

(1)如果 $\mu_0(0)\leqslant \upsilon_0(0)$，则 $m=n=0$，且

$$\begin{aligned}&\cdots<\mu_{-2}(0)<\lambda_{-2}<\mu_{-1}(0)<\lambda_{-1}<\mu_0(0)\leqslant\lambda_0\\&\leqslant \upsilon_0(0)<\lambda_1<\upsilon_1(0)<\lambda_2<\upsilon_2(0)<\lambda_3<\cdots\end{aligned}\tag{3.5.41}$$

(2)如果 $\upsilon_0(0)<\mu_0(0)$，则 $m\leqslant -1,n\geqslant 1$，由特征值 $\mu_{m+1}(0),\cdots,\mu_0(0)$ 和 $\upsilon_0(0),\cdots,\upsilon_{n-1}(0)$ 得到的非递减有序序列如下：

$$\tau_{m+1}=\upsilon_0(0)\leqslant\tau_{m+2}\leqslant\cdots\leqslant\tau_{n-1}\leqslant\tau_m=\mu_0(0)\tag{3.5.42}$$

则有

$$\begin{aligned}&\cdots<\mu_{m-2}(0)<\lambda_{m-2}<\mu_{m-1}(0)<\lambda_{m-1}<\mu_m(0)\leqslant\lambda_m\\&\leqslant\tau_{m+1}\leqslant\lambda_{m+1}\leqslant\cdots\leqslant\tau_{n-1}\leqslant\lambda_{n-1}\leqslant\tau_n\\&\leqslant\lambda_n\leqslant\upsilon_n(0)<\lambda_{n+1}<\upsilon_{n+1}(0)<\lambda_{n+2}<\upsilon_{n+2}(0)<\cdots\end{aligned}\tag{3.5.43}$$

证明 令 $i\in\mathbb{Z}$. 对于 $j\geqslant 0$ 和 $k\geqslant 0$，由定理 3.5.1 有，λ_i 是曲线 $\lambda=\mu_{-j}(\gamma)$ 和 $\lambda=\upsilon_k(r)$ 在$[0,\pi)$上的交点. 那么，$\mu_{-j}(0)\leqslant\lambda_i\leqslant\upsilon_k(0)$. 由推论 3.5.1 可知 $i=-j+k$.

当 $\gamma=0$ 时，$\lambda=\mu_{-j}(\gamma)$ 与 $\lambda=\upsilon_k(\gamma)$ 相交，那么 $\mu_{-j}(0)=\lambda_i=\upsilon_k(0)$，$\lambda_{i-1}$ 是 $\lambda=\mu_{-j-1}(\gamma)$ 与 $\lambda=\upsilon_k(\gamma)$ 在$(0,\pi)$内的交点，λ_{i+1} 是 $\lambda=\mu_{-j}(\gamma)$ 与 $\lambda=\upsilon_{k+1}(\gamma)$ 在$(0,\pi)$内的交点，所有的 $\mu_{-l}(0)(l\neq j)$ 和所有的 $\upsilon_l(0)(l\neq k)$ 都不在区间$[\lambda_{i-1},\lambda_{i+1}]$内. 因此，在这种情形下，$\tau_i=\mu_{-j}(0)=\tau_{i+1}=\upsilon_k(0)$.

剩余部分的证明，可以假设 λ_i 和 λ_{i+1} 是曲线在$(0,\pi)$内的交点，由推论 3.5.1 可知，$\mu_{-j}(0)\neq\upsilon_k(0)\neq\mu_{-j+1}(0)$.

若 $\mu_{-j+1}(0)>\upsilon_k(0)$，则在$(0,\pi)$内，曲线 $\lambda=\mu_{-j}(\gamma)$ 与 $\lambda=\upsilon_{k+1}(\gamma)$ 相交，其交点是 λ_{i+1}. 因此，$\upsilon_k(0)$是曲线 $\mu_{-l}(0)$ 和 $\upsilon_l(0)$ 的唯一交点，即 $\tau_{i+1}=\upsilon_k(0)$.

若 $\mu_{-j+1}(0)<\upsilon_k(0)$，则在 $(0,\pi)$ 内，曲线 $\lambda=\upsilon_k(\gamma)$ 与 $\lambda=\mu_{-j+1}(\gamma)$ 相交，其交点是 λ_{i+1}. 因此，$\mu_{-j+1}(0)$ 是曲线 $\mu_{-l}(0)$ 和 $\upsilon_l(0)$ 的唯一交点，即 $\tau_{i+1}=\mu_{-j+1}(0)$.

第 4 章 多点 Sturm-Liouville 问题的可解性和强制性

本节考虑由微分方程

$$M(\lambda)(y)=-(py')'(x)+\lambda^2 y(x)+T(y(x))=f(x),x\in I \tag{4.0.1}$$

与非经典边界条件

$$\begin{aligned}M_k(y)=&a_{0,1}y^{(n_k)}(\xi_0)+\sum_{h=1}^{n}[a_{h,k}y^{(n_k)}(\xi_h-0)+\tilde{a}_{h,k}y^{(n_k)}(\xi_h+0)]+\\&a_{(n+1),k}y^{(n_k)}(\xi_{n+1})+\sum_{j=1}^{m_k}\chi_{k,j}y^{(n_k)}(x_{k,j})+F_k(y)\\=&f_k\end{aligned} \tag{4.0.2}$$

构成的多点 Sturm-Liouville 问题. 其中 $k=1,2,\cdots,2(n+1)$,$\xi_0=-1$,$\xi_h\in(-1,1)$,$\xi_{n+1}=1$,$\xi_0<\xi_1<\cdots<\xi_{n+1}$;$I_1=[\xi_0,\xi_1)$,$I_t=(\xi_{t-1},\xi_t)$,$I_{n+1}=(\xi_n,\xi_{n+1}]$,$I=\bigcup_{i=1}^{n+1}I_i$,$J_i=(\xi_{i-1},\xi_i)$,$J=\bigcup_{i=1}^{n+1}J_i$($h=1,2,\cdots,n$;$t=2,3,\cdots,n$);$p(x)$是分段常函数,$p(x)=p_i$,$x\in I_i$($i=1,2,\cdots,n+1$);$T$ 是一个线性算子;$a_{0,k}$,$a_{h,k}$,$\tilde{a}_{h,k}$,$a_{(n+1),k}$,$\chi_{k,j}$,p_i($j=1,2,\cdots,m_k$)是复系数,且满足 $p_i\neq 0$,$|a_{0,k}|+\sum_{h=1}^{n}(|a_{h,k}|+|\tilde{a}_{h,k}|)+|a_{(n+1),k}|\neq 0$;$\lambda$ 是复参数,m_k 是正整数,$x_{k,j}\in J$ 是内点;F_k 是空间 $L^q[-1,1]$中的线性泛函($L^q[-1,1]$是区间$[-1,1]$上 q 次可积函数集合). 证明了该问题解的存在唯一性,并结合不等式估计得到了该问题关于谱参数的同构性、Fredholm 性和强制性等.

该问题是具有有限个不连续点，且在混合边界转移条件中含有抽象线性泛函的多点不连续 Sturm-Liouville 问题.

4.1 预备知识

首先回顾一些相关的定义、定理和引理.

定义 4.1.1[142] 如果算子的预解关于谱参数是单调递减的，且无穷远点并非它的最大下降点，则该现象称为算子关于谱参数具有缺陷的强制性.

定义 4.1.2[142] 设 X_1 和 X_2 是两个 Banach 空间. 如果从 X_1 到 X_2 的算子 T 和从 X_2 到 X_1 的算子 T^{-1} 都是有界的，则称算子 T 是同构的.

如果 $\| T(y) \|_{X_2} = \| y \|_{X_1}$，$y \in D(T)$，则从 $D(T)$ 到 $R(T)$ 的算子 T 是同构的.

定义 4.1.3[142] 设 E 是一个 Banach 空间，$E' = B(E, \mathbb{C})$ 是由空间 E 到复数域 $\mathbb{C}$ 中的连续线性泛函构成的 Banach 空间，则称 $B(E, \mathbb{C})$ 与 E 对偶，并记为 E'，即 $E' = B(E, \mathbb{C})$.

定义 4.1.4[142] 设 T 是从 Banach 空间 X_1 到 Banach 空间 X_2 的算子. 齐次方程

$$T(y) = 0$$

的解的集合称为算子 T 的核，记作 $\ker T$. 即

$$\ker T = \{ y \mid y \in D(T), T(y) = 0 \}$$

由 X_2 的对偶空间 X_2' 中，从值域 $R(T)$ 到 0 空间的泛函构成的集合称为算子 T 的余核，记作 $\operatorname{coker} T$. 即

$$\operatorname{coker} T = \{ z' \mid z' \in X_2', \langle T(y), z' \rangle = 0, y \in D(T) \}$$

注 4.1.1 这里内积 $\langle T(y), z' \rangle$ 表示连续线性泛函 $z' \in X_2'$ 作用在 $T(y) \in R(T)$ 上的值.

定义 4.1.5[142] 如果从 Banach 空间 X_1 到 Banach 空间 X_2 的算子 T

满足条件

(1)$R(T)$在 X_2 中是闭的；

(2)$\ker T$ 和 $\operatorname{coker} T$ 分别是 X_1 和 X_2'的有限维子空间；

(3)$\dim \ker T = \dim \operatorname{coker} T$.

则称算子 T 是 Fredholm 算子.

定义 4.1.6[142] 对一列函数 $\omega_1(x),\omega_2(x),\cdots,\omega_m(x)$，如果存在一条通过原点的直线 P，使所有的函数 $\omega_i(x)$都与直线 P 无共同点，且函数 $\omega_1(x),\cdots,\omega_p(x)$处在直线的一侧，而函数 $\omega_{p+1}(x),\cdots,\omega_m(x)$处在直线的另一侧，则称该函数系统是 P－分离的.

定理 4.1.1[142] 如果任意的 U 是从空间 X_2 到空间 X_1 的有界算子，F 是从空间 X_1 到空间 X_2 的紧算子，则算子 $T=U^{-1}+F$ 是 Fredholm 算子. 任意的 Fredholm 算子 T 都可以表示为 $T=U^{-1}+F$ 的形式，其中 F 为有限维算子.

引理 4.1.1[142] 设 $\sigma\in\mathbb{N}$，$r\in\mathbb{R}$，$q\in(1,\infty)$，则存在一个从 $W_r^{q,\sigma}(0,1)$ 到 $W_r^{q,\sigma}(\mathbb{R})$内的有界扩张算子 $T(y)=\tilde{y}$. 而且，该算子不依赖于 $l\leqslant l_0\in\mathbb{C}$.

令 $q\in(1,\infty)$，$l\in\mathbb{N}$，$r\in\mathbb{R}$. 我们考虑下面的空间：

$$\begin{aligned}L_r^q(a,b)=\Big\{&y(x)\,\big|\,|x|^r y(x)\in L^q(a,b),\\&\|y(x)\|_{L_r^q(a,b)}=\left(\int_a^b |x|^{qr}|y(x)|^q\mathrm{d}x\right)^{1/q}\Big\}\end{aligned}\tag{4.1.1}$$

$$\begin{aligned}W_r^{q,l}=\{&y(x)\,|\,y(x)\in L_r^q(a,b),\ y^{(l)}(x)\in L_r^q(a,b),\\&\|y(x)\|_{W_r^{q,l}(a,b)}=\|y(x)\|_{L_r^q(a,b)}+\\&\qquad\|y^{(l)}(x)\|_{L_r^q(a,b)}\}\end{aligned}\tag{4.1.2}$$

设

$$\begin{aligned}L_0(\lambda)(y)&=\lambda^m y(x)+\lambda^{m-1}a_1y'(x)+\cdots+a_my^{(m)}(x)\\&=f(x)\end{aligned}\tag{4.1.3}$$

是整个数轴上权为 1 的常系数正则微分方程，其中系数 a_k 为复数.

方程

$$a_m\omega^m+a_{m-1}\omega^{m-1}+\cdots+1=0 \tag{4.1.4}$$

的根记为 $\omega_i, i=1,2,\cdots,m$，并设 ω_i 是 p－分离的.

取

$$\begin{aligned}\underline{\omega}&=\min\{\arg\omega_1,\cdots,\arg\omega_p,\arg\omega_{p+1}+\pi,\cdots,\arg\omega_m+\pi\}\\ \overline{\omega}&=\max\{\arg\omega_1,\cdots,\arg\omega_p,\arg\omega_{p+1}+\pi,\cdots,\arg\omega_m+\pi\}\end{aligned} \tag{4.1.5}$$

因为 $\arg\omega_i, i=1,2,\cdots,m$ 的值不超过 2π 的倍数，所以 $\overline{\omega}-\underline{\omega}<\pi$.

定理 4.1.2[142]　设 $m\geqslant 1, a_m\neq 0$ 且方程(4.1.4)的根是 p－分离的，则对任意的 $\varepsilon>0$ 和所有满足

$$\frac{\pi}{2}-\underline{\omega}+\varepsilon<\arg\lambda<\frac{3\pi}{2}-\overline{\omega}-\varepsilon$$

的复数 λ，从 $W_r^{q,l}(\mathbb{R})$ 到 $W_r^{q,l-m}(\mathbb{R})$ 上的算子

$$\mathcal{L}_0(\lambda): y\to\mathcal{L}_0(\lambda)(y)=L_0(\lambda)(y)$$

是一个同构算子，其中 $W_r^{q,l-m}(\mathbb{R})$ 和 $W_r^{q,l}(\mathbb{R})$ 是加权 Sobolev 空间，整数 $l\geqslant m, q\in(1,\infty), -\frac{1}{q}<\gamma<\frac{1}{q}$ 且对这些 λ，方程(4.1.3)的解满足下面的估计式

$$\begin{aligned}&\sum_{k=0}^{l}|\lambda|^{l-k}\|y\|_{W_r^{q,k}(\mathbb{R})}\\ &\leqslant C(\varepsilon)(\|f\|_{W_r^{q,l-m}(\mathbb{R})}+|\lambda|^{l-m}\|f\|_{L_r^q(\mathbb{R})})\end{aligned} \tag{4.1.6}$$

$$\begin{aligned}&\sum_{k=0}^{m}|\lambda|^{m-k}\|y^{(k+p)}\|_{L_r^q(\mathbb{R})}\\ &\leqslant C(\varepsilon)\|f^{(p)}\|_{L_r^q(\mathbb{R})}, 0\leqslant p\leqslant l-m\end{aligned} \tag{4.1.7}$$

4.2　具有非齐次转移条件的边值问题

本节考虑齐次微分方程

$$M_0(\lambda)(y)=-(py')'(x)+\lambda^2 y(x)=0, x\in I \tag{4.2.1}$$

与非齐次边界条件

$$\begin{aligned} M_{k,0}(y)=&a_{0k}y^{(n_k)}(\xi_0)+\\ &\sum_{h=1}^{n}\left[a_{hk}y^{(n_k)}(\xi_h-0)+\widetilde{a}_{hk}y^{(n_k)}(\xi_h+0)\right]+\\ &a_{n+1k}y^{(n_k)}(\xi_{n+1})\\ =&f_k \end{aligned}\tag{4.2.2}$$

构成的边值问题，其中 $k=1,2,\cdots,2(n+1)$. 改为定义符号

$$\Gamma_k(y)=\sum_{j=1}^{m_k}\chi_{k,j}y^{(n_k)}(x_{k,j}),k=1,2,\cdots,2(n+1)$$

$$w_{2i-1}=p_i^{-1/2},w_{2i}=-p_i^{-1/2},i=1,2,\cdots,n+1$$

$$\alpha=\min_{1\leqslant i\leqslant n+1}\{\arg p_i\},\beta=\max_{1\leqslant i\leqslant n+1}\{\arg p_i\}$$

$$w=\begin{bmatrix} a_{01}w_1^{n_1} & a_{11}w_2^{n_1} & \widetilde{a}_{11}w_3^{n_1} & \cdots & a_{n+1,1}w_{2(n+1)}^{n_1}\\ a_{02}w_1^{n_2} & a_{12}w_2^{n_2} & \widetilde{a}_{12}w_3^{n_2} & \cdots & a_{n+1,2}w_{2(n+1)}^{n_2}\\ a_{03}w_1^{n_3} & a_{13}w_2^{n_3} & \widetilde{a}_{13}w_3^{n_3} & \cdots & a_{n+1,3}w_{2(n+1)}^{n_3}\\ \vdots & \vdots & \vdots & & \vdots\\ a_{0,2(n+1)}w_1^{n_{2(n+1)}} & a_{1,2(n+1)}w_2^{n_{2(n+1)}} & \widetilde{a}_{1,2(n+1)}w_3^{n_{2(n+1)}} & \cdots & a_{(n+1),2(n+1)}w_{2(n+1)}^{n_{2(n+1)}} \end{bmatrix}$$

对充分小的 $\varepsilon>0$，

$$\Omega_\varepsilon(\alpha,\beta)=\left\{\lambda\in\mathbb{C}\mid\frac{1}{2}(\pi+\beta+\varepsilon)<\arg\lambda<\frac{1}{2}(3\pi+\alpha-\varepsilon)\right\}$$

注 4.2.1 直和 Sobolev 空间

$$W=W^{q,m}(J_1)\oplus W^{q,m}(J_2)\oplus\cdots\oplus W^{q,m}(J_{n+1})(m\in\mathbb{N}_0,q>1)$$

定义为区间 I 上复值函数 $y=y(x)$ 构成的 Banach 空间，其中在每个区间 J_i 内函数 $y=y(x)$ 属于 $W^{q,m}(J_i)(i=1,2,\cdots,n+1)$. 范数定义为

$$\|y\|_{q,m}=\sum_{i=1}^{n+1}\|y\|_{W^{q,m}(J_i)}$$

$W^{q,m}(a,b)$ 是 Sobolev 空间，即由区间 (a,b) 中所有具有 m 阶广义导数的可测函数组成的 Banach 空间，包含有限范数

$$\|y\|_{W^{q,m}(a,b)}=\sum_{\upsilon=0}^{m}\left(\int_a^b|y^{(\upsilon)}(x)|^q\mathrm{d}x\right)^{1/q}$$

定理 4.2.1　如果 $\omega\neq 0$，则对任意的 $\varepsilon>0$，存在 $\mu_\varepsilon>0$，使对所有的 $\lambda\in\Omega_\varepsilon(\alpha,\beta)$，$|\lambda|>\mu_\varepsilon$，问题(3.1.12)～(3.1.13)对任意的 $\sigma\geqslant\max\{2,\max\limits_{1\leqslant k\leqslant 2(n+1)}\{n_k\}+1\}$ 存在唯一解 $y(x,\lambda)\in W^{q,\sigma}$，并且关于 λ 有如下强制估计

$$\sum_{l=1}^{\sigma}\|\lambda\|^{\sigma-l}\|y\|_{q,l}\leqslant C(\varepsilon)\sum_{k=1}^{2(n+1)}|\lambda|^{\sigma-n_k-q^{-1}}|f_k| \tag{4.2.3}$$

证明　设 $y_k(x,\lambda)(k=1,2,\cdots,2(n+1))$ 是微分方程(4.2.1)的基础解，则 $y_k(x,\lambda)$ 可表示为

$$y_k(x,\lambda)=\begin{cases}\exp[w_k\lambda(x-\tilde{\xi}_k)], & x\in\tilde{I}_k\\ 0, & x\notin\tilde{I}_k\end{cases} \tag{4.2.4}$$

其中 $\tilde{I}_{2i-1}=\tilde{I}_{2i}=I_i$，对任意的 $i,k=2i-1,2i(i=1,2,\cdots,n+1)$，$\tilde{\xi}_1=\xi_0$，$\tilde{\xi}_{2h}=\tilde{\xi}_{2h+1}=\xi_i$，$\tilde{\xi}_{2(n+1)}=\xi_{n+1}(h=1,2,\cdots,n)$. 显然，微分方程(4.2.1)的通解可写成

$$y(x,\lambda)=\sum_{k=1}^{2(n+1)}C_k y_k(x,\lambda) \tag{4.2.5}$$

把解(4.2.5)代入边界转移条件(4.2.2)，可以得到一个关于 $C_k(k=1,2,\cdots,2(n+1))$ 的线性系统

$$\begin{aligned}&(w_1\lambda)^{n_k}[a_{0k}+a_{1k}\mathrm{e}^{w_1\lambda(\xi_1-\xi_0)}]C_1+(w_2\lambda)^{n_k}[a_{1k}+a_{0k}{}^{w_2\lambda(\xi_0-\xi_1)}]C_2+\\&\sum_{t=2}^{n+1}\Big\{(w_{2t-1}\lambda)^{n_k}[\tilde{a}_{t-1,k}+a_{tk}\mathrm{e}^{w_{2t-1}\lambda(\xi_t-\xi_{t-1})}]C_{2t-1}+\\&(w_{2t}\lambda)^{n_k}[a_{tk}+\tilde{a}_{t-1,k}\mathrm{e}^{w_{2t}\lambda(\xi_{t-1}-\xi_t)}]C_{2t}\Big\}\\&=f_k\end{aligned} \tag{4.2.6}$$

其中 $k=1,2,\cdots,2(n+1)$. 由 $\lambda\in\Omega_\varepsilon(\alpha,\beta)$ 可得

$$\frac{1}{2}(\pi+\varepsilon)<\arg(w_k\lambda)<\frac{1}{2}(3\pi-\varepsilon),k=1,3,\cdots,2n+1$$

$$-\frac{1}{2}(\pi-\varepsilon)<\arg(w_k\lambda)<\frac{1}{2}(\pi-\varepsilon),k=2,4,\cdots,2(n+1)$$

因此，对这个 λ 和充分小的 $\varepsilon>0$，可得

$$(-1)^{k+1}Re(w_k\lambda)<-|\lambda||w_k|\sin\frac{\varepsilon}{2},k=1,2,\cdots,2(n+1)$$

于是，系统(4.2.6)的系数行列式可表示为

$$A(\lambda)=\lambda^{\tilde{n}}[\omega+\theta(\lambda)]$$

其中 $\tilde{n}=n_1+n_2+\cdots+n_{2(n+1)}$，

$$\theta(\lambda)=\mathrm{e}^{\kappa}\begin{bmatrix} a_{11}w_1^{n_1} & a_{01}w_2^{n_1} & \cdots & \tilde{a}_{n1}w_{2(n+1)}^{n_1} \\ a_{12}w_1^{n_2} & a_{02}w_2^{n_2} & \cdots & \tilde{a}_{n2}w_{2(n+1)}^{n_2} \\ \vdots & \vdots & & \vdots \\ a_{1,2(n+1)}w_1^{n_{2(n+1)}} & a_{0,2(n+1)}w_2^{n_{2(n+1)}} & \cdots & \tilde{a}_{n,2(n+1)}w_{2(n+1)}^{n_{2(n+1)}} \end{bmatrix}$$

$\kappa=\lambda\sum\limits_{i=1}^{n+1}(\xi_i-\xi_{i-1})(w_{2i-1}-w_{2i})$，且在 $\Omega_\varepsilon(\alpha,\beta)$ 中，当 $|\lambda|\to\infty$ 时 $\theta(\lambda)\to 0$. 因为 $\omega\neq 0$，存在 $\mu_\varepsilon>0$ 使得对所有的 $\lambda\in\Omega_\varepsilon(\alpha,\beta)$ 和 $|\lambda|>\mu_\varepsilon$，我们有 $A(\lambda)\neq 0$. 因此，对这些 λ，齐次线性方程组(4.2.6)的唯一解可以表示为

$$C_\eta(\lambda)=\frac{1}{A(\lambda)}\sum_{k=1}^{2(n+1)}A_{\eta k}(\lambda)f_k,\eta=1,2,\cdots,2(n+1)$$

这里 $A_{\eta k}(\lambda)$ 是行列式 $A(\lambda)$ 的第(η,k)个元素的代数余子式. 很显然，行列式 $A_{\eta k}(\lambda)$ 可以表示为

$$A_{\eta k}(\lambda)=\lambda^{\tilde{n}-n_\eta}[\omega_{\eta k}+\theta_{\eta k}(\lambda)]$$

其中 $\omega_{\eta k}\in\mathbb{C}$，且在 $\Omega_\varepsilon(\alpha,\beta)$ 中，当 $|\lambda|\to\infty$ 时，$\theta(\lambda)\to 0$. 由此

$$C_\eta(\lambda)=\sum_{k=1}^{2(n+1)}\lambda^{-n_k}\frac{\omega_{\eta k}+\theta_{\eta k}(\lambda)}{\omega+\theta(\lambda)}f_k,\eta=1,2,\cdots,2(n+1)$$

所以，边值问题(4.2.1)～(4.2.2)的解有表达式

$$y(x,\lambda)=\sum_{\eta=1}^{2(n+1)}\sum_{k=1}^{2(n+1)}\lambda^{-n_\eta}\frac{\omega_{\eta k}+\theta_{\eta k}(\lambda)}{\omega+\theta(\lambda)}f_\eta y_k(x,\lambda)$$

由 $y(x,\lambda)$ 的表达式可得，对任意的整数 $j\geqslant 0$ 和 $\lambda\in\Omega_\varepsilon(\alpha,\beta)$，当 $|\lambda|\to\infty$ 时估计式

$$\| y^{(j)} \|_{L^q(-1,1)} \leqslant C \sum_{\eta=1}^{2(n+1)} \left(|\lambda|^{j-n_\eta} |f_\eta| \sum_{k=1}^{2(n+1)} \| y_k(x,\lambda) \|_{L^q(\widetilde{I}_k)} \right) \tag{4.2.7}$$

成立. 进一步,由式(4.2.4)可得不等式

$$\begin{aligned}
&\| y_{2i-1}(x,\lambda) \|_{L^q(\widetilde{I}_{2i-1})}^q \\
&= \int_{\xi_{i-1}}^{\xi_i} e^{qRe(w_{2i-1}\lambda)(x-\xi_{i-1})} dx \\
&\leqslant \int_{\xi_{i-1}}^{\xi_i} e^{-q|w_{2i-1}||\lambda|(x-\xi_{i-1})\sin\frac{\varepsilon}{2}} dx \\
&\xlongequal{t=|\lambda|(x-\xi_{i-1})} \int_0^{|\lambda|(\xi_i-\xi_{i-1})} e^{-q|w_{2i-1}|\left(\sin\frac{\varepsilon}{2}\right)t} d(|\lambda|^{-1}t+\xi_{i-1}) \qquad (4.2.8) \\
&\leqslant |\lambda|^{-1} \int_0^{+\infty} e^{-q|w_{2i-1}|\left(\sin\frac{\varepsilon}{2}\right)t} dt \\
&= |\lambda|^{-1} \left(q|w_{2i-1}|\sin\frac{\varepsilon}{2} \right)^{-1} \\
&= C_{2i-1}(\varepsilon)|\lambda|^{-1}
\end{aligned}$$

$$\begin{aligned}
&\| y_{2i}(x,\lambda) \|_{L^q(\widetilde{I}_{2i})}^q \\
&= \int_{\xi_{i-1}}^{\xi_i} e^{qRe(w_{2i}\lambda)(x-\xi_i)} dx \\
&\leqslant \int_{\xi_{i-1}}^{\xi_i} e^{-q|w_{2i}||\lambda|(\xi_i-x)\sin\frac{\varepsilon}{2}} dx \\
&\xlongequal{t=|\lambda|(\xi_i-x)} \int_{|\lambda|(\xi_i-\xi_{i-1})}^{0} e^{-q|w_{2i}|\left(\sin\frac{\varepsilon}{2}\right)t} d(\xi_i-|\lambda|^{-1}t) \qquad (4.2.9) \\
&\leqslant |\lambda|^{-1} \int_0^{+\infty} e^{-q|w_{2i}|\left(\sin\frac{\varepsilon}{2}\right)t} dt \\
&= |\lambda|^{-1} \left(q|w_{2i}|\sin\frac{\varepsilon}{2} \right)^{-1} \\
&= C_{2i}(\varepsilon)|\lambda|^{-1}
\end{aligned}$$

成立,其中 $i=1,2,\cdots,n+1$. 将式(4.2.8)和式(4.2.9)代入式(4.2.7)得

$$\| y^{(j)}(x) \| L^q_{(-1,1)} \leqslant C(\varepsilon) \sum_{\eta=1}^{2(n+1)} |\lambda|^{j-n_\eta-q^{-1}} |f_\eta|$$

由此可得估计式(4.2.3).

4.3 具有泛函条件的多点边值问题的 Fredholm 性质

令 $\widetilde{M}$ 是对应问题(4.0.1)～问题(4.0.2)的线性算子. 设 $\sigma \geqslant \max\{2, \max\limits_{1\leqslant k\leqslant 2(n+1)}\{n_k\}+1\}$,定义 $W^{q,\sigma}$ 到 $W^{q,\sigma-2} \oplus \mathbb{C}^{2(n+1)}$ 中的算子 $\widetilde{M}$ 如下

$$\widetilde{M}(y)=(M(\lambda)(y), M_1(y), M_2(y), \cdots, M_{2(n+1)}(y))$$

定理 4.3.1 设下面的条件成立

(1)对任意的 $x\in I_i$, $p_i\neq 0$;

(2)$F_k(k=1,2,\cdots,2(n+1))$是 $W^{q,\sigma}$ 中的连续泛函;

(3)T 是 $W^{q,\sigma}$ 到 $W^{q,\sigma-2}$ 中的紧算子.

则 $\widetilde{M}$ 是有界的 Fredholm 算子.

证明 算子 $\widetilde{M}$ 可表示为

$$\widetilde{M}_0(y)=(M_0(\lambda)(y), M_{1,0}(y), M_{2,0}(y), \cdots, M_{2(n+1),0}(y))$$

$$\widetilde{M}_1(y)=(T(y), \Gamma_1(y)+F_1(y), \Gamma_2(y)+F_2(y), \cdots,$$
$$\Gamma_{2(n+1)}(y)+F_{2(n+1)}(y))$$

由定理 4.2.1 可知,算子 $\widetilde{M}_0$ 从 $W^{q,\sigma}$ 到 $W^{q,\sigma-2} \oplus \mathbb{C}^{2(n+1)}$ 上是同构的. 而且,由条件(2)和条件(3)可知,算子 $\widetilde{M}_1$ 是从 $W^{q,\sigma}$ 到 $W^{q,\sigma-2} \oplus \mathbb{C}^{2(n+1)}$ 上的紧算子.

因此,由定义 4.1.2 和定理 4.1.1(或文献[113, P.238])可知,算子 $\widetilde{M}=\widetilde{M}_0+\widetilde{M}_1$ 是 Fredholm 算子. 而且,显然算子 $\widetilde{M}$ 有界. 定理得证.

4.4 问题主要部分的同构性和强制性

下面考虑没有内部点的问题(4.0.1)～(4.0.2)的主要部分,即

$$M_0(\lambda)(y)=-(py')'(x)+\lambda^2 y(x)=f(x),x\in I \tag{4.4.1}$$

$$\begin{aligned}M_{k0}(y)=&a_{0k}y^{(n_k)}(\xi_0)+\sum_{h=1}^{n}[a_{hk}y^{(n_k)}(\xi_h-0)+\\&\widetilde{a}_{hk}y^{(n_k)}(\xi_h+0)]+a_{n+1,k}y^{(n_k)}(\xi_{n+1})\\=&f_k\end{aligned} \tag{4.4.2}$$

其中 $k=1,2,\cdots,2(n+1)$. 相应的算子为

$$\widehat{M}_0(y)=(M_0(\lambda)(y),M_{1,0}(y),M_{2,0}(y),\cdots,M_{2(n+1),0}(y))$$

定理 4.4.1　设 $\omega\neq 0,\sigma\geqslant\max\{2,\max\limits_{1\leqslant k\leqslant 2(n+1)}\{n_k\}+1\}$,则对任意的 $\varepsilon>0$,存在 $\mu_\varepsilon>0$,使得对所有的复数 $\lambda\in\Omega_\varepsilon(\alpha,\beta)$,$|\lambda|>\mu_\varepsilon$,算子 $\widehat{M}_0$ 是 $W^{q,\sigma}$ 到 $W^{q,\sigma-2}\oplus\mathbb{C}^{2(n+1)}$ 上的同构算子,且对此 λ,不等式

$$\sum_{l=0}^{\sigma}|\lambda|^{\sigma-l}\|y\|_{q,l}\leqslant C(\varepsilon)\left(\|f\|_{q,\sigma-2}+|\lambda|^{\sigma-2}\|f\|_{q,0}+\sum_{k=1}^{2(n+1)}|\lambda|^{\sigma-n_k-q^{-1}}|f_k|\right) \tag{4.4.3}$$

对问题(4.4.1)～(4.4.2)的解成立.

证明　显然,线性算子 $\widehat{M}_0$ 是空间 $W^{q,\sigma}$ 到 $W^{q,\sigma-2}\oplus\mathbb{C}^{2(n+1)}$ 内的连续算子. 下面证明,对任意的 $(f(x),f_1,f_2,\cdots,f_{2(n+1)})\in W^{q,\sigma-2}\oplus\mathbb{C}^{2(n+1)}$ 和 $f_i(x)$,问题(4.4.1)、问题(4.4.2)有唯一解属于 $W^{q,\sigma}$. 函数 $f(x)$ 在区间 J_i 上的限制记作 $f_i(x)$. 设 $\widetilde{f}_i(x)\in W^{q,\sigma-2}(\mathbb{R})$ 是函数 $f_i(x)\in W^{q,\sigma-2}(J_i)$ 的扩张. 由引理 4.1.1 可知,存在一个从 $W^{q,\sigma-2}$ 到 $W^{q,\sigma-2}(\mathbb{R})$ 的有界扩张算子 $T_if_i=\widetilde{f}_i(i=1,2,\cdots,n+1)$,其中 $\mathbb{R}=(-\infty,+\infty)$. 下面要寻找问题(4.4.1)、问题(4.4.2)的形如 $y(x,\lambda)=y_1(x,\lambda)+y_2(x,\lambda)$ 的解 $y(x,\lambda)$,其中 $y_1(x,\lambda)=y_{1,i}(x,\lambda)$,函数 $y_{1,i}(x,\lambda)$ 是方程

$$-(p_i\widetilde{y}')'(x)+\lambda^2\widetilde{y}(x)=\widetilde{f}_i(x),x\in\mathbb{R}$$

的解 $\widetilde{y}_{1,i}(x,\lambda)$ 在 J_i 上的限制,其中 $i=1,2,\cdots,n+1$.

由定理 4.1.2 可得,该方程有唯一解 $\widetilde{y}_{1,i}=\widetilde{y}_{1,i}(x,\lambda)\in W^{q,\sigma}(\mathbb{R})$,

且对 $y_{1,i}(x,\lambda)$和任意充分大的 $\lambda\in\Omega_\varepsilon(\alpha,\beta)$，估计式

$$\begin{aligned}&\sum_{l=0}^{\sigma}|\lambda|^{\sigma-l}\|y_{1,i}\|_{W^{q,l}}(J_i)\\&\leqslant C(\varepsilon)(\|f\|_{W^{q,\sigma-2}(J_i)}+|\lambda|^{\sigma-2}\|f\|_{L^q(J_i)})\end{aligned}\tag{4.4.4}$$

成立，其中 $i=1,2,\cdots,n+1$. 因此，函数

$$y_1(x,\lambda)=\begin{cases}y_{11}(x,\lambda), & x\in J_1\\ y_{12}(x,\lambda), & x\in J_2\\ \vdots & \vdots\\ y_{1,n+1}(x,\lambda), & x\in J_{n+1}\end{cases}\tag{4.4.5}$$

满足方程(4.4.1)，且由式(4.4.4)可得，对任意充分大的 $\lambda\in\Omega_\varepsilon(\alpha,\beta)$，估计式

$$\sum_{l=0}^{\sigma}|\lambda|^{\sigma-l}\|y_1\|_{q,l}\leqslant C(\varepsilon)(\|f\|_{q,\sigma-2}+|\lambda|^{\sigma-2}\|f\|_{q,0})\tag{4.4.6}$$

成立.

根据解(4.4.5)，考虑下面的边值问题：

$$-(py')'(x)-\lambda^2y(x)=0,x\in J$$

$$M_{k0}(y)=f_k-M_{k0}[y_1(x,\lambda)],k=1,2,\cdots,2(n+1)$$

由定理 4.2.1，该问题对充分大的复数 $\lambda\in\Omega_\varepsilon(\alpha,\beta)$有唯一解 $y_2=y_2(x,\lambda)\in W^{q,\sigma}$，且对此 λ 估计式

$$\begin{aligned}&\sum_{l=0}^{n}|\lambda|^{\sigma-l}\|y_2\|_{q,l}\\&\leqslant C(\varepsilon)\sum_{k=1}^{2(n+1)}|\lambda|^{\sigma-n_k-q^{-1}}(|f_k|+|M_{k0}(y_1)|)\end{aligned}\tag{4.4.7}$$

成立. 应用参考文献[208,P.48]中的定理 1.7.7/2 和式(4.2.3)，可得对所有的 $\lambda\in\Omega_\varepsilon(\alpha,\beta)$和 $\sigma\geqslant\max\{2,\max\limits_{1\leqslant k\leqslant 2(n+1)}\{n_k\}+1\}$，下述估计式成立

$$
\begin{aligned}
&|\lambda|^{\sigma-n_k-q^{-1}}|M_{k,0}(y_1)| \\
&\leqslant C|\lambda|^{\sigma-n_k-q^{-1}}\sum_{i=0}^{n+1}\|y_1\|_{C^{n_k}(I_i)} \\
&\leqslant C\sum_{i=1}^{n+1}(|\lambda|^{\sigma}\|y_{1,i}\|_{L^q(J_i)}+\|y_{1,i}\|_{W^{q,\sigma}(J_i)}) \\
&\leqslant C(|\lambda|^{\sigma}\|y_1\|_{q,0}+\|y_1\|_{q,\sigma}) \\
&\leqslant C(\varepsilon)(|\lambda|^{\sigma-2}\|f\|_{q,0}+\|f\|_{q,\sigma-2})
\end{aligned}
\tag{4.4.8}
$$

由式(4.4.7)和式(4.4.8)可得不等式

$$
\sum_{l=0}^{\sigma}|\lambda|^{\sigma-l}\|y_2\|_{q,l}\leqslant C(\varepsilon)\left(\|f\|_{q,\sigma-2}+|\lambda|^{\sigma-2}\|f\|_{q,0}+\sum_{k=1}^{2(n+1)}|\lambda|^{\sigma-n_k-q^{-1}}|f_k|\right)
\tag{4.4.9}
$$

易知 $y(x,\lambda)=y_1(x,\lambda)+y_2(x,\lambda)$是问题(4.4.1)～(4.4.2)的解.考虑到估计式(4.4.6)和式(4.4.9),可知对于该解,不等式(4.4.3)成立.而且,由不等式(4.4.3)可得解的唯一性.另外,由定理 4.3.1 可得算子 $\hat{M}_0$ 是 $W^{q,\sigma}$ 到 $W^{q,\sigma-2}\oplus\mathbb{C}^{2(n+1)}$ 的 Fredholm 算子.又因为算子是 Fredholm 算子且是一对一的,所以该算子是同构的.证毕.

4.5　非经典边界条件下主要问题的可解性与强制性

下面考虑主要问题(4.0.1)～(4.0.2).

定理 4.5.1　假设下面的条件成立

(1)$\omega\neq0$ 且 $\sigma\geqslant\max\{2,\max\limits_{1\leqslant k\leqslant 2(n+1)}\{n_k\}+1\}$;

(2)算子T 是 $W^{q,\sigma}$ 到 $W^{q,\sigma-2}$ 的紧算子,且对所有的 $\varepsilon>0$,

$$\|T(y)\|_{q,0}\leqslant\varepsilon\|y\|_{q,2}+C(\varepsilon)\|y\|_{q,0},\quad y\in W^{q,2}$$

$$\|T(y)\|_{q,\sigma-2}\leqslant\varepsilon\|y\|_{q,\sigma}+C(\varepsilon)\|y\|_{q,0},y\in W^{q,\sigma}$$

(3)泛函 F_k 在 $W^{q,n_k}(k=1,2,\cdots,2(n+1))$中是连续的,则对任意的 $\varepsilon>0$,存在 $\mu_\varepsilon>0$ 使对所有的 $\lambda\in\Omega_\varepsilon(\alpha,\beta)$和$|\lambda|>\mu_\varepsilon$,算子

$$\widehat{M}(y)=(M(\lambda)(y),M_1(y),M_2(y),\cdots,M_{2(n+1)}(y))$$

是 $W^{q,\sigma}$ 到 $W^{q,\sigma-2}\oplus C^{2(n+1)}$ 上的同构算子，并且对这些 λ 关于问题(4.0.1)～(4.0.2)的解，有以下强制估计：

$$\sum_{l=0}^{\sigma}|\lambda|^{\sigma-l}\|y\|_{q,l}\leqslant C(\varepsilon)(\|f\|_{q,\sigma-2}+|\lambda|^{\sigma-2}\|f\|_{q,0}+\sum_{k=1}^{2(n+1)}|\lambda|^{\sigma-n_k-q^{-1}}|f_k|) \tag{4.5.1}$$

其中 $C(\varepsilon)$ 是一个只依赖于 ε 的常数.

证明 设 $(f(x),f_1,f_2,\cdots,f_{2(n+1)})$ 是 $W^{q,\sigma-2}\oplus\mathbb{C}^{2(n+1)}$ 中的任意元素. 假设 $y=y(x,\lambda)$ 是问题(4.0.1)～(4.0.2)对应此元素的解，则此解满足等式

$$M_0(\lambda)(y)=-(py')'+\lambda^2y=M(\lambda)(y)-T(y) \tag{4.5.2}$$

$$\begin{aligned}M_{k0}(y)&=a_{0k}y^{(n_k)}(\xi_0)+\sum_{h=1}^{n}[a_{hk}y^{(n_k)}(\xi_h-0)+\tilde{a}_{h,k}y^{(n_k)}(\xi_h+0)]+\\&\quad a_{n+1,k}y^{(n_k)}(\xi_{n+1})\\&=M_k(y)-\Gamma_k(y)-F_k(y)\end{aligned} \tag{4.5.3}$$

这里 $k=1,2,\cdots,2(n+1)$. 由定理 4.4.1 可得，对 $y=y(x,\lambda)$ 下面的先验估计式成立：

$$\begin{aligned}&\sum_{l=0}^{\sigma}|\lambda|^{\sigma-l}\|y\|_{q,l}\\&\leqslant C(\varepsilon)\left(\|f\|_{q,\sigma-2}+|\lambda|^{\sigma-2}\|f\|_{q,0}+\sum_{k=1}^{2(n+1)}|\lambda|^{\sigma-n_k-q^{-1}}|f_k|\right)\\&=C(\varepsilon)[\|M(\lambda)(y)-T(y)\|_{q,\sigma-2}+|\lambda|^{\sigma-2}\|M(\lambda)(y)-T(y)\|_{q,0}+\\&\quad\sum_{k=1}^{2(n+1)}|\lambda|^{\sigma-n_k-q^{-1}}|M_k(y)-\Gamma_k(y)-F_k(y)|]\\&\leqslant C(\varepsilon)\{\|f\|_{q,\sigma-2}+|\lambda|^{\sigma-2}\|f\|_{q,0}+\|T(y)\|_{q,\sigma-2}+|\lambda|^{\sigma-2}\|T(y)\|_{q,0}+\\&\quad\sum_{k=1}^{2(n+1)}|\lambda|^{\sigma-n_k-q^{-1}}[|f_k|+|\Gamma_k(y)|+|F_k(y)|]\}\end{aligned} \tag{4.5.4}$$

令 ξ 是满足下列条件的任意实数

$$0<\xi<\min\left\{\frac{\xi-\xi_{i-1}}{2},|\xi_i-x_{k,j}|,|\xi_0-x_{k,j}|:\right.$$

$$\left.i=1,2,\cdots,n+1;k=1,2,\cdots,2(n+1);j=1,2,\cdots,n_k\right\}$$

应用与文献[22,P.159]中相同的方法构造函数 $\phi(x)\in\mathbb{C}_0^\infty(\mathbb{R})$，使得对所有的 $x\in[-1,1]$ 都有 $0\leqslant\phi(x)\leqslant 1$ 且

$$\phi(x)=\begin{cases}1,x\in\bigcup\limits_{i=1}^{n+1}[\xi_{i-1}+\zeta,\xi_i-\zeta]\\ 0,x\in\bigcup\limits_{i=1}^{n+1}\left[\xi_0,\xi_0+\dfrac{\zeta}{2}\right]\cup\left(\bigcup\limits_{i=1}^{n}\left[\xi_i-\dfrac{\zeta}{2},\xi_i+\dfrac{\zeta}{2}\right]\right)\cup\left[\xi_{n+1}-\dfrac{\zeta}{2},\xi_{n+1}\right]\end{cases}$$

很显然

$$\begin{aligned}|\Gamma_k(y)|&\leqslant C\|y^{(n_k)}\|_{C(\bigcup_{i=1}^{n+1}[\xi_{i-1}+\zeta,\xi_i-\zeta])}\\&\leqslant C\|(\phi y)^{(n_k)}\|_{C[-1,1]}\end{aligned}\tag{4.5.5}$$

由文献[22,P.189]中定理 3.10.4 可得，对 $y\in W^{q,\sigma}$，估计式

$$|\lambda|^{\sigma-n_k-q^{-1}}\|y^{(n_k)}\|_{C[-1,1]}\leqslant C(\|y\|_{q,\sigma}+|\lambda|^{\sigma}\|y\|_{q,0})\tag{4.5.6}$$

成立. 由定理 4.4.1 和不等式(4.5.4)、式(4.5.5)可得，对所有充分大的 $\lambda\in\Omega_\varepsilon(\alpha,\beta)$，下面的估计成立

$$\begin{aligned}|\lambda|^{\sigma-n_k-q^{-1}}|\Gamma_k(y)|&\leqslant C|\lambda|^{\sigma-n_k-q^{-1}}\|(\phi y)^{(n_k)}\|_{C[-1,1]}\\&\leqslant C(\|\phi y\|_{q,\sigma}+|\lambda|^{\sigma}\|\phi y\|_{q,0})\\&\leqslant C(\varepsilon)(\|M_0(\lambda)(\phi y)\|_{q,\sigma-2}+|\lambda|^{\sigma-2}\|M_0(\lambda)(\phi y)\|_{q,0})\\&\leqslant C(\varepsilon)(\|M_0(\lambda)(y)\|_{q,\sigma-2}+|\lambda|^{\sigma-2}\|M_0(\lambda)(y)\|_{q,0}+\\&\quad\sum_{l=0}^{\sigma-1}|\lambda|^{\sigma-1-l}\|y\|_{q,l})\\&\leqslant C(\varepsilon)(\|M(\lambda)(y)\|_{q,\sigma-2}+|\lambda|^{\sigma-2}\|M(\lambda)(y)\|_{q,0}+\\&\quad\|T(y)\|_{q,\sigma-2}+|\lambda|^{\sigma-2}\|T(y)\|_{q,0}+\\&\quad\sum_{l=0}^{\sigma-1}|\lambda|^{\sigma-1-l}\|y\|_{q,l})\\&\leqslant C(\varepsilon)(\|f\|_{q,\sigma-2}+|\lambda|^{\sigma-2}\|f\|_{q,0}+\|T(y)\|_{q,\sigma-2}+\\&\quad|\lambda|^{\sigma-2}\|T(y)\|_{q,0}+\sum_{l=0}^{\sigma-1}|\lambda|^{\sigma-1-l}\|y\|_{q,l})\end{aligned}\tag{4.5.7}$$

由文献[208,P.48,P.49]中的定理 1.7.7/2(b)和注 1.1.7/5 可得,对任意的 $\delta>0$,不等式

$$\| y \|_{q,l} \leqslant \delta \| y \|_{q,l+1} + C(\delta) \| y \|_{q,0}$$

成立.又由式(4.5.7),可得

$$\begin{aligned}
&|\lambda|^{\sigma-n_k-q^{-1}} \| \Gamma_k(y) \| \\
\leqslant & C(\varepsilon)\Big[\| M(\lambda)(y) \|_{q,\sigma-2} + \\
& |\lambda|^{\sigma-2} \| M(\lambda)(y) \|_{q,0} + \\
& \| T(y) \|_{q,\sigma-2} + |\lambda|^{\sigma-2} \| T(y) \|_{q,0} + \\
& \sum_{l=0}^{\sigma-1} |\lambda|^{\sigma-1-l} (\delta \| y \|_{q,l+1} + C(\delta) \| y \|_{q,0})\Big] \qquad (4.5.8) \\
\leqslant & C(\varepsilon)(\| M(\lambda)(y) \|_{q,\sigma-2} + |\lambda|^{\sigma-2} \| M(\lambda)(y) \|_{q,0} + \\
& \| T(y) \|_{q,\sigma-2} + |\lambda|^{\sigma-2} \| T(y) \|_{q,0}) + \\
& C(\varepsilon)(\delta + C(\delta)|\lambda|^{-1}) \sum_{l=0}^{\sigma} |\lambda|^{\sigma-l} \| y \|_{q,l}
\end{aligned}$$

由定理中的条件(2)和条件(3)、不等式(4.5.8)以及文献[208,P.48]中的定理 1.7.7/2 可知,对任意的 $\delta>0$,不等式

$$\begin{aligned}
& \| T(y) \|_{q,\sigma-2} + |\lambda|^{\sigma-2} \| T(y) \|_{q,0} + \\
& \sum_{k=1}^{2(n+1)} |\lambda|^{\sigma-n_k-q^{-1}} [|\Gamma_k(y)| + |F_k(y)|] \\
\leqslant & C(\varepsilon)[\| M(\lambda)(y) \|_{q,\sigma-2} + |\lambda|^{\sigma-2} \| M(\lambda)(y) \|_{q,0}] + \\
& \delta(\| y \|_{q,\sigma} + |\lambda|^{\sigma-2} \| y \|_{q,2}) + C(\delta)|\lambda|^{\sigma-2} \| y \|_{q,0} + \\
& C(\varepsilon)[\delta + C(\delta)|\lambda|^{-1}] \sum_{l=0}^{\sigma} |\lambda|^{\sigma-l} \| y \|_{q,l} + \qquad (4.5.9) \\
& \sum_{k=1}^{2(n+1)} |\lambda|^{\sigma-n_k-q^{-1}} \| y \|_{q,n_k} \\
\leqslant & C(\varepsilon)(\| f \|_{q,\sigma-2} + |\lambda|^{\sigma-2} \| f \|_{q,0}) + \\
& C(\varepsilon)[\delta + C(\delta)|\lambda|^{-q^{-1}}] \sum_{l=0}^{\sigma} |\lambda|^{\sigma-l} \| y \|_{q,l}
\end{aligned}$$

成立. 将式(4.5.9)代入式(4.5.4)得

$$\sum_{l=0}^{\sigma}|\lambda|^{\sigma-l}\|y\|_{q,l}\leqslant C(\varepsilon)\{\|f\|_{q,\sigma-2}+|\lambda|^{\sigma-2}\|f\|_{q,0}+\sum_{k=1}^{2(n+1)}|\lambda|^{\sigma-n_k-q^{-1}}|f_k|+[\delta+C(\delta)|\lambda|^{-q^{-1}}]\sum_{l=0}^{\sigma}|\lambda|^{\sigma-l}\|y\|_{q,l}\}$$

显然,对固定的 $\varepsilon>0$,可以选择充分小的 $\delta>0$ 和充分大的 $|\lambda|$,使得 $C(\varepsilon)[\delta+C(\delta)|\lambda|^{-q^{-1}}]<1$. 因此,对充分大的 $\lambda\in\Omega_\varepsilon(\underline{w},\bar{w})$,可得先验估计式(4.5.1).

由估计式(4.5.1)可得问题(4.0.1)～(4.0.2)的解的唯一性,即算子 $\widehat{M}$ 是一一映射的. 而且,由定理 4.3.1 可知 $\widehat{M}$ 是从 $W^{q,\sigma}$ 到 $W^{q,\sigma-2}\oplus\mathbb{C}^{2(n+1)}$ 上的 Fredholm 算子.

根据条件(2),算子 T 从 $W^{q,\sigma}$ 到 $W^{q,\sigma-2}\oplus\mathbb{C}^{2(n+1)}$ 内是紧的. 综上,算子 $\widehat{M}$ 从 $W^{q,\sigma}$ 到 $W^{q,\sigma-2}\oplus\mathbb{C}^{2(n+1)}$ 上是同构的. 证毕.

参考文献

[1] O Akcay. The representation of the solution of Sturm-Liouville equation with discontinuity conditions[J]. Acta Mathematica Scientia,2018,38(4):1195—1213.

[2]O Akcay. On the boundary value problem for discontinuous Sturm-Liouville operator [J]. Mediterranean Journal of Mathematics, 2019,16:7.

[3] Z Akdoğan,M Demirci,O Sh Mukhtarov. Discontinuous Sturm-Liouville problems with eigenparameter-dependent boundary and transmissions conditions[J]. Acta Applicandae Mathematica,2005, 86(3):329—344.

[4] Z Akdoğan,M Demirci,O Sh Mukhtarov. Green function of discontinuous boundary-value problem with transmission conditions[J]. Mathematical Methods in the Applied Sciences, 2010,30(14):1719—1738.

[5]S Albeverio,F gesztesy,R Hoegh-Krohn,H Holden. Solvable Models in Quantum Me chanics[J]. Springer,Verlag Berlin Heidelberg, 1988.

[6] S Albeverio,L Nizhnik. On the number of negative eigenvalues of one—dimensional Schrödinger operator with point interactions[J]. Letters in Mathematical Physics,2003,65(1):27—35.

[7] I Al-Naggar,D B Pearson. A new asymptotic condition for absolutely continuous spectrum of the Sturm-Liouville operator on the half-

line[J]. Helvetica Physica Acta,1994,67:144—166.

[8] N Altinisik, M Kadakal, O Sh Mukhtarov. Eigenvalues and eigenfunctions of discontinuous Sturm-Liouville problems with eigenparameter-dependent boundary conditions[J]. Acta Mathematica Hungarica,2004,102(1):159—193.

[9] J An,J Sun. On the self-adjointness of the product operators of two th-order differential operators on [0,+∞)[J]. Acta Mathematica Sinica,English Series,2004,20(5):793—802.

[10] R S Anderssen. The effect of discontinuous in density and shear velocity on the asymptotic overtone structure of torsional eigenfrequencies of the earth[J]. Geophysical Journal Royal Astronomical Society,1977,50(2):303—309.

[11] J Ao, J Sun, M Zhang. The finite spectrum of Sturm-Liouville problems with transmissionconditions and eigenparameter dependent boundary conditions[J]. Results in Mathematics,2013, 63(3—4):1057—1070.

[12] F Atkinson. Discrete and Continuous Boundary Value Problems [M]. Academic Press,New York,1964.

[13] K Aydemir. Boundary value problems with eigenvalue-dependent boundary and transmission conditions[J]. Boundary Value Problems,2014,2014:131.

[14] K Aydemir,O Mukhtarov. Qualitative analysis of eigenvalues and eigenfunctions of one boundary value-transmission problem[J]. Boundary Value Problems,2016,2016:82.

[15] Y Bai,W Wang,G Wang,S Ge. Construction and stability of Riesz bases[J]. Journal of Function Spaces,2018,2018:1—6.

[16] Y Bai,W Wang,K Li. Solvability and coerciveness of multi-point Sturm-Liouville problems with abstract linear functionals[J].

Boundary Value Problems，2019(1)：17.

[17] P Bailey，M Gordon，L Shampine. Automatic solution of the Sturm-Liouville problem[J]. ACM Transactions on Mathematical Software，1978，4：193－208.

[18] P Bailey，W Everitt，A Zettl. Algorithm 810：The SLEIGN2 Sturm-Liouville code[J]. ACM Transactions on Mathematical Software，2001，27(2)：143－192.

[19] C Bartels，S Currie，M Nowaczyk，B Watson. Sturm-Liouville problems with transfer condition Herglotz dependent on the eigenparameter：Hilbert Space Formulation[J]. Integral Equations and Operator Theory，2018，90(3)：34.

[20] J Behrndt，M Langer，V Lotoreichik. Schrödinger operators with δ and δ'-potentials supported on hypersurfaces[J]. Annales Henri Poincaré，2013，14(2)：385－423.

[21] B Belinskiy，J Dauer. On a regular Sturm-Liouville problem on a finite interval with the eigenvalue parameter appeasing linearly in the boundary conditions[J]. Lecture Notes in Pure and Applied Mathematics，1997：183－196.

[22] O Besow，V Il'in，S Nikol'skii. Integral Representations of Functions and Imbedding Theorems[M]. Halsted Press，New York，1979.

[23] B Bilalov. Bases of exponentials，cosines，and sines formed by eigenfunctions of differential operators[J]. Differential Equations，2003，39(5)：652－657.

[24] B T Bilalov. The basis properties of some systems of exponential functions，cosines，and sines[J]. Siberian Mathematical Journal，2004，45(2)：214－221.

[25] P Binding，P Browne. Oscillation theory for indefinite Sturm-Li-

ouville problems with eigenparameter-dependent boundary conditions[J]. Proceedings of the Royal Society of Edinburgh, 1997, 127 (6): 1123—1136.

[26] P Binding, P Browne, B Watson. Inverse spectral problems for Sturm-Liouville equations with eigenparameter dependent boundary conditions[J]. Journal of the London Mathematical Society, 2000, 62(1): 161—182.

[27] P Binding, P Browne, B Watson. Transformations between Sturm-Liouville problems with eigenvalue dependent and independent boundary conditions[J]. Bulletin of the London Mathematical Society, 2001, 33(6): 749—757.

[28] P Binding, P Browne, B Watson. Sturm-Liouville problems with boundary conditions rationally dependent on the eigenparameter, II[J]. Journal of Computational and Applied Mathematics 2002, 148(1): 147—168.

[29] P Binding, P Browne, B Watson. Sturm-Liouville problems with boundary conditions rationally dependent on the eigenparameter, I [J]. Proceedings of the Edinburgh Mathematical Society, 2002, 45 (3): 631—645.

[30] P Binding, B Ćurgus. Riesz bases of root vectors of indefinite Sturm-Liouville problems with eigenparameter dependent boundary conditions, I [C]. Operator Theory: Advances and Applications, 163, Birkhäuser Verlag Basel/Suttzerland, 2006.

[31] P Binding, R Hryniv, H Langer, B Najman. Elliptic eigenvalue problems with eigenparameter dependent boundary conditions [J]. Journal of Differential Equations, 2001, 174(1): 30—54.

[32] P Binding, H Volkmer. Oscillation theory for Sturm-Liouville problems with indefinite coefficients[J]. Proceedings of the Royal

Society of Edinburgh: Section A Mathematics, 2001, 131(5): 989－1002.

[33] P Binding, H Volkmer. Existence and asymptotics of eigenvalues of indefinite systems of Sturm-Liouville and Dirac type[J]. Journal of Differential Equations, 2001, 172(1): 116－133.

[34] P Browne, B Sleeman. A uniqueness theorem for inverse eigenparameter dependent Sturm-Liouville problems[J]. Inverse Problems, 1997, 13(6): 1453－1462.

[35] D Buschmann, G Stolz, J Weidmann. One-dimensional Schrödinger operators with local point interactions[J]. Journal Für Die Reine Und Angewandte Mathematik (Crelles Journal), 1995, 467: 169－186.

[36] 蔡金铭. 边界条件含有谱参数的不连续 Sturm-Liouville 问题谱分析及逆谱问题[D]. 曲阜：曲阜师范大学，2019.

[37] X Cao, Q Kong, H Wu, A Zettl. Sturm-Liouville problems whose leading coefficient function changes sign[J]. Canadian Journal of Mathematics, 2003, 55(4): 724－749.

[38] 曹之江. 常微分算子[M]. 北京：科学出版社，2016.

[39] 曹之江. 高阶极限圆型微分算子的自伴扩张[J]. 数学学报，1985，28：205－217.

[40] 曹之江. 经典 Sturm-Liouvlle 理论的完备和衍生纪念申又枨先生诞辰九十周年[J]. 数学进展，1993，22(2)：97－117.

[41] 曹之江，孙炯，D E Edmunds. 二阶微分算子积的自伴性[J]. 数学学报，1999，42(4)：649－654.

[42] 曹之江，孙炯. 微分算子文集[M]. 呼和浩特：内蒙古大学出版社，1992.

[43] 曹之江，孙炯. 拟导数所定义的自伴算子[J]. 内蒙古大学学报(自然科学版)，1986，17(1)：7－15.

[44] Z Cao. On self-adjoint domains of 2-nd order differential operators in limit circle case[J]. Acta Mathematica Sinica,1985,1(3):225—230.

[45] B Chanane. Sturm-Liouville problems with parameter dependent potential and boundary conditions[J]. Journal of Computational and Applied Mathematics,2008,212(2):282—290.

[46] C Christ,G Stolz. Spectral theory of one-dimensional Schrödinger operators with point interactions[J]. Journal of Mathematical Analysis and Applications,1994,184(3):491—516.

[47] R Churchill. Operational Mathematics[M]. Mcgraw-Hill. New York,1972.

[48] E Coddington. The spectral representation of ordinary self-adjoint differential operators[J]. Annals of Mathematics,1954,60(1):192—211.

[49] E Coddington,N Levision. Theory of Ordinary Differential Equations[M]. New York:Krieger Pub. Co,1987.

[50] I Daubechies,A grossmann,Y Meyer. Painless nonorthogonal expansions[J]. Journal of Mathematical Physics,1986,27:1271—1283.

[51] M Dauge,B Helffer. Eigenvalues variation. I:Neumann problem for Sturm-Liouville operators[J]. Journal of Differential Equations,1993,104(2):243—262.

[52] M Demirci,Z Akdogan,O Sh Mukhtarov. Asymptotic behavior of eigenvalues and eigenfunctions of one discontinuous boundary-value problem[J]. International Journal of Computational Cognition,2004,2(3):101—113.

[53] J Dieudonné. Foundations of Modern Analysis[M]. Academis Press,New York/London,1969.

[54] N Dunford, J Schwartz. Linear Operators, Part II[M] Interscience Pub. New York/London, 1963.

[55] V Eberhard, E Müller-Pfeiffer. Spectral theory of ordinary differential operators[J]. Rendiconti Del Circolo Matematico Di Palermo, 1981, 30(3): 478－478.

[56] D Edmunds, A Kufner, J Sun. Extension of functions in weighted Sobolev spaces[J]. Rend. Accad. Naz. Sci. X L Mem. Mat., 1990, 16 (17): 327－339.

[57] D Edmunds, J Sun. Approximation and entropy numbers of embedding in weighted Orlicz spaces[J]. Mathematica Bohemica, 1991, 116(3): 281－295.

[58] D Edmunds, J Sun. Approximation and entropy numbers of Sobolev embedding over domains with finite measure[J]. The Quarterly Journal of Mathematics, 1990, 41(4): 385－394.

[59] D Edmunds, J Sun. Embedding theorems and the spectra of certain differential operators[J]. Proceedings of the Royal Society of London. Series A: Mathematical and Physical Sciences, 1991, 434 (1892): 643－656.

[60] D Edmunds, W Evans. Spectral Theory and Differential Operators [M]. Oxford University Press, 2018.

[61] W Evans. Regularly solvable extensions of non-self-adjoint ordinary differential operators[J]. Proceedings of the Royal Society of Edinburgh Section A: Mathematics, 1984, 97: 79－95.

[62] W Evans, S E Ibrahim. Boundary conditions for general ordinary differential operators and their adjoints[J]. Proceedings of the Royal Society of Edinburgh Section A: Mathematics, 1990, 114 (1－2): 99－117.

[63] W Everitt. Intergrable-square solutions of ordinary differential

equations[J]. Quarterly Journal of Mathematics, 1959, 10(1): 145—155.

[64] W Everitt. Singular differential equations I: the even order case [J]. Mathematische Annalen, 1964, 156(1): 9—24.

[65] W Everitt. Singular differential equations II: some self-adjoint even order cases[J]. The Quarterly Journal of Mathematics, 1967, 18(1): 13—32.

[66] W Everitt. Integrable-square, analytic solutions of odd-order, formally symmetric, ordinary differential equations[J]. Proceedings of the London Mathematical Society, 1972, 3(1): 156—182.

[67] W Everitt, V Kumar. On the Titchmarsh-Weyl theory of ordinary symmetric differential expressions II: the odd order case[J]. Nieuw Arch. Wisk., 1976, 24(3): 109—145.

[68] W Everitt, V Kumar. On the Titchmarsh-Weyl theory of ordinary symmetric differential expressions. I: The general theory[J]. Nieuw Arch. wisk, 1976, 24(1): 1—48.

[69] W Everitt, A Zettl. Sturm-Liouville differential operators in direct sum spaces[J]. The Rocky Mountain Journal of Mathematics, 1986, 16(3): 497—516.

[70] W Everitt, A Zettl. Differential operators generated by a countable number of quasidifferential expressions on the real line[J]. Proceedings of the London Mathematical Society, 1992, s3—64(3): 524—544.

[71] W Everitt, M Möller, A Zettl. Discontinuous dependence of the n-th Sturm-Liouville eigenvalue[J]. General Inequalities 7: International Series of Numcrical Mathematics, 1997, 123: 145—150.

[72] W Everitt, L Markus. Complex symplectic geometry with applications to ordinary differential operators[J]. Transactions of the

American mathematical Society,1999,351(12):4905－4945.

[73] W Everitt,L Markus. Boundary Value Problems and Symplectic Algebra for Ordinary Differential and Quasi-differential Operators [M]. American Mathematical Society,1999.

[74] 方欣华,杜涛. 海洋内波基础和中国海内波[M] ,青岛:中国海洋大学出版社,2005.

[75] G Freiling,V Yurko. Inverse Sturm-Liouville Problem and Their Applications[M]. Huntington:NOVA Science Publishers,2001.

[76] 傅承义. 地球物理学基础[M]. 北京:科学出版社,1985.

[77] S Fu,Z Wang,G Wei. Three spectra inverse Sturm-Liouville problems with overlapping eigenvalues[J]. Electronic Journal of Qualitative Theory of Differential Equations,2017,31:1－7.

[78] C Fulton. Two-point boundary value problems with eigenvalue parameter contained in the boundary conditions[J]. Proceedings of the Royal Society of Edinburgh Section A:Mathematics,1977,77(3－4):293－308.

[79] C T Fulton. Singular eigenvalue problems with eigenvalue-parameter contained in the boundary conditions[J]. Proceedings of the Royal Society of Edinburgh Section A:Mathematics,1980,87(1－2):1－34.

[80] C Gao,R Ma. Eigenvalues of discrete Sturm-Liouville problems with eigenparameter dependent boundary conditions[J]. Linear Algebra and Its Applications,2016,503:100－119.

[81] M García-Huidobra,C Gupta,R Manásevich. Some multipoint boundary value problems of Neumann-Dirichlet type involving a multipoint p-Laplace like operator[J]. Journal of Mathematical Analysis and Applications,2007,333(1):247－264.

[82] S Ge,W Wang,J Suo. Dependence of eigenvalues of a class of

fourth-order Sturm-Liouville problems on the boundary[J]. Applied Mathematics and Computation,2013,220:268—276.

[83] F Genoud,B Rynne. Some recent results on the spectrum of multi-point eigenvalue problems for the p-Laplacian[J]. Communications in Applied Analysis,2011,15(2):413—434.

[84] F Gesztesy. On the one-dimensional Coulomb Hamilton[J]. Journal of Physics A:Mathematical and general,1980,13(3):867—875.

[85] F Gesztesy, C Macdeo, L Streit. An exactly solvable periodic Schroedinger operator[J]. Journal of Physics A:Mathematical and general,1985,18(9):503—507.

[86] F Gesztesy, W Kirsch. One-dimensional Schrödinger operators with interactions singular on a discrete set[J]. Journal Für Die Reine Und Angewandte Mathematik,1985,362:28—50.

[87] I Glazman. Direct Methods of Qualitative Specral Analysis of Singular Differential Operators[M]. Israel Program for Scientific Translations,Jerusalem,1965.

[88] N Goloshchapova,L Oridoroga. On the negative spectrum of one-dimensional Schrödinger operators with point interactions[J]. Integral Equations and Operator Theory,2010,67(1):1—14.

[89] A Gomilko, V Pivovarchik. On basis properties of a part of eigenfunctions of the problem of vibrations of a smooth inhomogeneous string damped at the midpoint[J]. Mathematische Nachrichten,2002,245(1):72—93.

[90] L Greenberg,M Marletta. Algorithm 775:The code SLEUTH for solving fourth-order Sturm-Liouville problems[J]. ACM Transactions on Mathematical Software,1997,23(4):453—493.

[91] 郭永霞,杨传富,黄振友.具有特征参数多项式边界条件的 Sturm-

Liouville 方程的逆结点问题[J]. 数学年刊 A 辑，2012，33(6)：705－718.

[92] O Hald. Discontinuous inverse eigenvalue problems[J]. Communications on Pure and Applied Mathematics，1984，37(5)：539－577.

[93] X Hao，J Sun，A Zettl. Canonical forms of self-adjoint boundary conditions for differential operators of order four[J]. Journal of Mathematical Analysis and Applications，2012，387(2)：1176－1187.

[94] X Hao，J Sun，A Zettl. Fourth order canonical forms of singular self-adjoint boundary conditions[J]. Linear Algebra and Its Applications，2012，437(3)：899－916.

[95] X Hao，M Zhang，J Sun，A Zettl. Characterization of domains of self－adjoint ordinary differential operators of any order，even or odd[J]. Electronic Journal of Qualitative Theory of Differential Equations，2017，2017(61)：1－19.

[96] G Hardy，J Littlewood，G Pólya. Inequalities[M]. Cambridge University Press，London，1934.

[97] P Hartman，A Winter. A separation theorem for continuous spectra[J]. American Journal of Mathematics，1949，71(3)：650－662.

[98] P Hartman，A Winter. An oscillation theorem for continuous spectra[J]. Proceedings of the National Academy of Sciences of the United States of America，1947，33(12)：376－379.

[99] D Hinton. An expansion theorem for an eigenvalue problem with eigenvalue parameter in the boundary condition[J]. The Quarterly Journal of Mathematics，1979，30(1)：33－42.

[100] D Hinton，J Shaw. On the absolutely continuous spectrum of the perturbed Hill's equation[J]. Proceedings of the London Mathe-

matical Society,1985,50(1):175—192.

[101] D Hinton,J K Shaw. Absolutely continuous spectra of Dirac systems with long range,short range and oscillating potentials[J]. The Quarterly Journal of Mathematics,1985,36(2):183—213.

[102] D Hinton,J Shaw. Absolutely continuous spectra of second order differential operators with short and long range potentials[J]. SIAM Journal on Mathematical Analysis,1986,17(1):182—196.

[103] D Hinton,J Shaw. Spectrum of a Hamilton system with spectral parameter in a boundary condition[C]. Oscillations, bifurcation and chaos (Toronto,Ont. ,1986),171—186,CMS Conf. Proc. ,8, Amer. Math. Soc. ,Providence,RI,1987.

[104] D Hinton,J Shaw. Absolutely continuous spectra of perturbed periodic Hamiltonian systems[J]. The Rocky Mountain Journal of Mathematics,1987,17(4):727—748.

[105] D Hinton,J Shaw. Differential operators with spectral parameter incompletely in the boundary conditions[J]. Funkcialaj Ekvacioj, 1990,33(3):363—385.

[106] B Hopkins,N Kosmatov. Third-order boundary value problems with sign-changing solutions[J]. Nonlinear Analysis: Theory, Methods and Applications,2007,67(1):126—137.

[107] M Kadakal,O Mukhtarov. Discontinuous Sturm-Liouville problems containing eigenparameter in the boundary conditions[J]. Acta Mathematica Sinica,2006,22(5):1519—1528.

[108] M Kandemir,O Mukhtarov,Y Yakubov. Irregular boundary value problems with discontinuous coefficients and the eigenvalue parameter[J]. Mediterrancan Journal of Mathematics,2009,6(3): 317—338.

[109] M Kandemir,Y Yakubov. Regular boundary value problems with

a discontinuous coefficient, functional-multipoint conditions, and a linear spectral parameter[J]. Israel Journal of Mathematics, 2010, 180(1):255－270.

[110] M Kandemir, O Mukhtarov. Nonlocal Sturm-Liouville problems with integral terms in the boundary conditions[J]. Electronic Journal of Differential Equations, 2017, 2017(11):1－12.

[111] M Kandemir, O Mukhtarov. Solvability of fourth-order Sturm-Liouville problems with abstract linear functionals in boundary-transmission conditions[J]. Mathematical Methods in The Applied Sciences, 2018, 41(10):3643－3652.

[112] I Karpenko, D Tyshkevich. On self-adjointness of 1-D Schrödinger operators with δ-interactions[J]. Methods of Functional Analysis and Topology, 2012, 18(4):360－372.

[113] T Kato. Perturbation Theory for Linear Operators[M]. Springer-Verlag, Berlin/ Heidelberg/New York/Tokyo, 1984.

[114] R Kauffman, T Read, A Zettl. The dificiency index problem for powers of ordinary differential expressions[M]. Lecture Notes in Mathematics 621. Springer-Verlag, Heidelberg, 1977.

[115] R Kauffman. The number of Dirichlet solutions to a class of linear ordinary differential equations[J]. Journal of Differential Equations, 1979, 31(1):117－129.

[116] N Kerimov, K Mamedov. On a boundary value problem with a spectral parameter in the boundary conditions [J]. Sibirskii Matematicheskii Zhurnal, 1999, 40(2):325－335.

[117] N Kerimov, Y Aliyev. The basis property in L_p of the boundary value problem rationally dependent on the eigenparameter[J]. Studia Mathematica, 2006, 174(2):201－212.

[118] 孔欢欢，王桂霞，晴晴. 带有多点边条件的高阶微分算子的自共轭

性[J].应用泛函分析学报,2012,14(4):404—410.

[119] 孔欢欢,王桂霞,晴晴.带有有限个转移条件的高阶微分算子特征函数系的完备性[J].应用数学学报,2016,39(1):71—83.

[120] Q Kong,A Zettl. Linear Ordinary Differential Equations[M]. Inequalities and Applications,1994:381—397.

[121] Q Kong, A Zettl. Dependence of eigenvalues of Sturm-Liouville problems on the boundary[J]. Journal of Differential Equations, 1996,126(2):389—407.

[122] Q Kong,A Zettl. Eigenvalues of regular Sturm-Liouville problems [J]. Journal of Differential Equations,1996,131(1):1—19.

[123] Q Kong,H Wu,A Zettl. Dependence of eigenvalues on the problems[J]. Mathematische Nachrichten,1997,188(1):173—201.

[124] Q Kong,H Wu,A Zettl. Dependence of the n-th Sturm-Liouville eigenvalue on the problem[J]. Journal of Differential Equations, 1999,156(2):328—354.

[125] A Kostenko,M Malamud. One-dimensional Schrödinger operator with δ-interactions[J]. Functional Analysis and Its Applications, 2010,44(2):151—155.

[126] R Kruger. Inverse problems for nonabsorbing media with discontinuous material properties[J]. Journal of Mathematical Physics, 1982,23(3):396—404.

[127] E Lapwood,T Usami. Free Oscillations of the Earth[J]. Physics and Chemistry of the Earth,1981,4(27):239—250.

[128] 李昆.几类内部具有不连续性的微分算子耗散性及特征值关于问题依赖性的研究[D].呼和浩特:内蒙古大学,2018.

[129] K Li,J Sun,X Hao. Dependence of eigenvalues of $2n$-th order boundary value transmission problems[J]. Boundary Value Problems,2017,2017(143).

[130] K Li, J Sun, X Hao. Eigenvalues of regular fourth order Sturm-Liouville problems with transmission conditions[J]. Mathematical Methods in the Applied Sciences, 2017, 40(10): 3538－3551.

[131] X Li, Z Shang. Quasi-periodic solutions for differential equations with an elliptic type degenerate equilibrium point under small perturbations[J]. Journal of Dynamics and Differential Equations, 2019, 31(2): 653－681.

[132] A Likov, Y Mikhailov. The Theory of Heat and Mass Transfer [M]. Qosenerqoizdat, 1963. (Russian)

[133] J Liouville. Mémoire sur le d'eveloppment des fonctions ou parties de fonctions en sériesdont les divers termes sont assujetis àsatisfire à une même équation difféerentielles du second ordre, contenant un paramètre variable[J]. Journal de Mathématiques Pures et Appliquées, 1836, 1: 253－265.

[134] J Liouville. Second mémoire sur le développment des fonctions ou parties de fonctions en séries dont les divers termes sont assujetis à satisfire à une même équation différentielles du second ordre, contenant un paramètre variable[J]. Journal de Mathématiques Pures et Appliquées, 1837, 2: 16－35.

[135] 刘式适，刘式达. 特殊函数[M]. 北京：气象出版社，1988.

[136] Y Liu, G Shi, J Yan. Spectral properties of Sturm-Liouville problems with strongly singular potentials[J]. Results in Mathematics, 2019, 74(1): 1－19.

[137] W Loud. Self-adjoint multi-point boundary value problems[J]. Pacific Journal of Mathematics, 1968, 24(2): 303－317.

[138] E Müller-Pfeiffer, J Sun. On the discrete spectrum of ordinary differential operators in weighted function spaces[J]. Journal for Analysis and Its Application, 1995, 14(3): 637－646.

[139] A Molchanov. The conditions for the discreteness of the spectrum of slef-adjoint secondorder differential equations[J]. Trudy Moskov. Mat. Obsc,1953,2:169—200.(Russian)

[140] M Möller. On the unboundedness below of the Sturm-Liouville operator[J]. Proceedings of the Royal Society of Edinburgh Section A:Mathematics,1999,129(5):1011—1015.

[141] D Mu,J Sun,S Yao. Asymptotic behaviors and green's function of two-interval Sturm Liouville problems with transmission conditions[J]. Mathematica Applicata,2014,27(3):658—672.

[142] O Mukhtarov,H Demir. Coerciveness of the discontinuous initial-boundary value problem for parabolic equations[J]. Israel Journal of Mathematics,1999,114(1):239—252.

[143] O Mukhtarov, M Kandemir, N Kuřuoglu. Distribution of eigenvalues for the discontinuous boundary value problem with functional manypoint conditions[J]. Israel Journal of Mathematics,2002,129(1):143—156.

[144] O Mukhtarov,M Kandemir. Asymptotic behaviour of eigenvalues for the discontinuous boundary-value problem with functional-transmission condtions[J]. Acta Mathematica Scientia, 2002, 22(3):335—345.

[145] O Mukhtarov, S Yakubov. Problems for differential equations with transmission conditions[J]. Applicable Analysis, 2002, 81(5):1033—1064.

[146] O Mukhtarov,M Kadakal,S F Muhtarov. Eiginvalues and normalized eigenfunctions of discontinuous Sturm-Liouville problem with transmission conditions[J]. Reports on Mathematical Physics,2004,54(1):41—56.

[147] O Mukhtarov,K Aydemir. Eigenfunction expansion for Sturm-Li-

ouville problems with transmission conditions at one interior point [J]. Acta Mathematica Scientia(English Series), 2015, 35(3): 639－649.

[148] M Naimark. Linear Differential Operators[M]. Frederick Ungar Publishing Co. ,Inc. ,New York,1968.

[149] T Najafov,S Farahani. On singular integrals with Cauchy kernel on weight subspaces:the basicity property of sines and cosines systems in weight spaces[J]. International Journal of Mathematics and Mathematical Sciences,2011,2011:1－13.

[150] 宁超列.基于纤维铰模型的框架结构非线性地震反应分析[D].哈尔滨:哈尔滨工业大学,2008

[151] T Niu,X Hao,J Sun,K Li. Canonical forms of self-adjoint boundary conditions for regular differential operators of order three[J]. Operators and Matrices,2020,1:207－220.

[152] H Olğar,F Muhtarov. The basis property of the system of weak eigenfunctions of a discontinuous Sturm-Liouville problem[J]. Mediterranean Journal of Mathematics,2017,14(3):1－13.

[153] H Olğar,O Sh Mukhtarov. Weak eigenfunctions of two-interval Sturm-Liouville problems together with interaction conditions[J]. Journal of Mathematical Physics,2017,58(4):388－396.

[154] A Ozkan,B Keskin. Spectral problems for Sturm-Liouville operator with boundary and jump conditions linearly dependent on the eigen-parameter[J]. Inverse Problems in Science and Engineering, 2012,20(6):799－808

[155] M Ozisik. Boundary Value Problems of Heat Conduction[M]. Courier Corporation,1989.

[156] R Paley,N Wiener. Fourier Transforms in The Complex Domain [M]. American Mathematical Society Colloquium Publications,

Volume19,American Mathematical Society,New York,1934.

[157] G Pontrelli,F Monte. Mass diffusion through two-layer porous media:an application to the drug-eluting stent[J]. International Journal of Heat and Mass Transfer,2007,50(17－18):3658－3669.

[158] J Pöschel,E Trubowitz. Inverse Spectral Theory[M]. Academic Press,New York,1987.

[159] S Pruess,C T Fulton. Mathematical software for Sturm-Liouville problems[J]. Acm Transactions on Mathematical Software,1993,19(3):360－376.

[160] J Qi,H Sun. Relatively bounded and relatively compact perturbations for limit circle Hamiltonian systems[J]. Integral Equations and Operator Theory,2016,86(3):359－375

[161] D Race. On the location of the essential spectra and regularity fields of complex SturmLiouville operators[J]. Proceedings of the Royal Society of Edinburgh Section A:Mathematics,1980,85(1－2):1－14.

[162] D Race. On the essential spectra of linear 2nth order differential operators with complex coefficients[J]. Proceedings of the Royal Society of Edinburgh Section A: Mathematics,1982,92(1－2):65－75.

[163] R Redheffer,R Young. Completeness and basis properties of complex exponentials[J]. Transactions of the American Mathematical Society,1983,277(1):93－111.

[164] M Sadybekov,B Turmetov,B Torebek. Solvability of nonlocal boundary-value problems for the Laplace equation in the ball[J]. Electronic Journal of Differential Equations,2014,157:1－14.

[165] S Sadigova. On one method for establishing a basis from double

systems of exponentials[J]. Applied Mathematics Letters, 2011, 24(12): 1969-1972.

[166] B Schultze. Spectral properties of not necessarily self-adjoint linear differential operators[J]. Advances in Mathematics, 1990, 83(1): 75-95.

[167] A Schneider. A note on eigenvalue problems with eigenvalue parameter in the boundary conditions[J]. Mathematische Zeitschrift, 1974, 136(2): 163-167.

[168] Z Shang. On J-selfadjoint extensions of J-symmetric ordinary differential operators[J]. Journal of Differential Equations, 1988, 73(1): 153-177.

[169] A Shkalikov. Boundary problems for ordinary differential equations with parameter in the boundary conditions[J]. Journal of Soviet Mathematics, 1986, 33(6): 1311-1342.

[170] M Shahriari, A Akbarfam, G Teschl. Uniqueness for inverse Sturm-Liouville problems with a finite number of transmission conditions[J]. Journal of Mathematical Analysis and Applications, 2012, 395(1): 19-29.

[171] C Sturm. Mémoire sur une class d'équations *à* différentielles partielles[J]. Journal de Mathématiques Pures et Appliquées, 1836, 1: 373-444.

[172] J Sun. On the self-adjoint extensions of symmetric ordinary differential operators with middle deficiency indices[J]. Acta Mathematica Sinica, 1986, 2(2): 152-167.

[173] J Sun, A Wang, A Zettl. Two-interval Sturm-Liouville operators in direct sum spaces with inner product multiples[J]. Results in Mathematics, 2007, 50(1): 155-168.

[174] 孙炯,王万义. 微分算子的自共轭域和谱分析——微分算子研究

在内蒙古大学三十年[J]. 内蒙古大学学报(自然科学版),2009,40(4):469—485.

[175] 孙炯,王忠. 常微分算子谱的定性分析[J] . 数学进展,1995,24(5):406—422.

[176] 孙炯,王忠,王万义. 线性算子的谱分析第二版[M]. 北京:科学出版社,2015.

[177] J Suo, W Wang. Eigenvalues of a class of regular fourth-order Sturm-Liouville problems[J]. Applied Mathematics and Computation,2012,218(19):9716—9729.

[178] 尚在久,朱瑞英. (−∞,+∞)上对称微分算子的自伴域[J]. 内蒙古大学学报(自然科学版),1986,17(1):19—30.

[179] E Titchmarsh. Eigenfunction Expansions Associated with Second-Order Differential Equations Part I[M]. Oxford Univ. Press, London,1962.

[180] A Tikhonov, A Samarskii. Equations of mathematical physics [M]. Oxford and New York,Pergamon,1963.

[181] I Titeux,Y Yakubov. Completeness of root functions for thermal conduction in a strip with piecewise continuous coefficients[J]. Mathematical Models and Methods in Applied Sciences, 1997, 7(7):1035—1050.

[182] E Uğurlu. Regular third-order boundary value problems[J]. Applied Mathematics and Computation,2019,343:247—257.

[183] E Uğurlu. Third-order boundary value transmission problems[J]. Turkish Journal of Mathematics,2019,43(3):1518—1532.

[184] N Voitovich,B Z Katsenelbaum,A N Sivov. A generalized method of eigenvibrations in the theory of diffraction[J]. Uspekhi Fizicheskih Nauk,1976,118(4):709—736.

[185] J Walter. Regular eigenvalue problems with eigenvalue parameter

in the boundary conditions[J]. Mathematatische Zeitschrift，1973，133(4)：301－312.

[186] A Wang，J Sun，X Hao，S Yao. Completeness of eigenfunctions of Sturm-Liouville problems with transmission conditions[J]. Methods Application of Analysis，2009，16(3)：299－312.

[187] A Wang，J Sun，A Zettl. Two-interval Sturm-Liouville operators in modified Hilbert spaces[J]. Journal of Mathematical Analysis and Applications，2007，328(1)：390－399.

[188] A Wang，J Sun，A Zettl. The classification of self-adjoint boundary conditions：separated，coupled，and mixed[J]. Journal of Functional Analysis，2008，255(6)：1554－1573.

[189] A Wang，J Sun，A Zettl. Characterization of domains of self-adjoint ordinary differential operators[J]. Journal of Differential Equations，2009，246(4)：1600－1622.

[190] 王桂霞. Sturm-Liouville 问题的谱分析与数值计算[D]. 呼和浩特：内蒙古大学，2008.

[191] 王桂霞，孙炯. 一类不连续 Strum-Liouville 问题特征函数的振动性[J]. 应用数学学报，2008，31(3)：500－513.

[192] 王万义. 微分算子的辛结构与一类微分算子的谱分析[D]. 呼和浩特：内蒙古大学，2002.

[193] 王万义，孙炯. 高阶常型微分算子自伴域的辛几何刻划[J]. 应用数学，2003，16(1)：17－22.

[194] 王忠. 一类自伴微分算子谱的离散性[J]. 数学学报，2001，44(1)：95－102.

[195] 魏广生，徐宗本. 亏指数为可数无穷的对称微分算子的自伴扩张[J]. 数学进展，2000，29(3)：227－234

[196] 魏广生，徐宗本. 奇型 Sturm-Liouville 微分算子的限界自伴扩张[J]. 数学学报，2004，47(2)：305－316.

[197] J Weidmann. Linear Operators in Hilbert Spaces[M]. Graduate Texts in Mathematics,68. Springer-Verlag,New York-Berlin, 1980.

[198] J Weidmann. Spectral Theory of Ordinary Differential Operators [M]. Lecture Notes in Mathematics,Berlin:Springer,1987.

[199] J Weidmann. Uniform nonsubordinary and the absolutely continuous spectrum[J]. Analysis,1996,16(1):89—100.

[200]H Weyl. Über gewöhnliche differentialgleichungen mit singularityten und kiezugechorigen entwicklungen willkurlicher funktionen [J]. Mathematische Annalen,1910,68(2):220—269.

[201] Z Wei,G Wei. Inverse spectral problem for non-self-adjoint Dirac operator with boundary and jump conditions dependent on the spectral parameter [J]. Journal of Computational and Applied Mathematics,2016,308:199—214

[202] Z Wen,L Zhou,M Zhang. Optimal potentials of measure differential equations with given Spectral Data[J]. Journal of Optimization Theory and Applications,2020,184(1):139—161.

[203] 吴新元. 对牛顿迭代法的一个重要修改[J]. 应用数学和力学, 1999,20(8):863—866.

[204] 许美珍 . 常微分算子理论的发展[D]. 呼和浩特:内蒙古师范大学,2011.

[205] G Xu,Y Shi. Essential spectra of self-adjoint relations under relatively compact perturbations[J]. Linear and Multilinear Algebra, 2018,66(12):2438—2467.

[206]S Yakubov. Completeness of root functions of reguar differential operators[M]. New York:Longman Scientific and Technical, 1994.

[207] S Yakubov,Y Yakubov. Abel basis of root functions of regular

boundary value problems[J]. Mathematische Nachrichten, 1999, 197(1):157－187.

[208] S Yakubov, Y Yakubov. Differential-Operator Equations: Ordinary and Partial Differential Equations [M]. Chapman and Hall/CRC, Boca Raton, London State New York Washington, State D. C. ,1999.

[209] S Yakubov. Solution of irregular problems by the asymptotic method[J]. Asymptotic Analysis, 2000, 22(2):129－148.

[210] Q Yang, W Wang, X Gao. Dependence of eigenvalues of a class of higher-order SturmLiouville problems on the boundary[J]. Mathematical Problems in Engineering, 2015, 2015:1－10.

[211] 余家荣. 复变函数[M]. 北京：人民教育出版社，2000.

[212] A Zettl. Adjoint and self-adjoint boundary value problems with interface conditions[J]. SIAM Journal on Applied Mathematics, 1968, 16(4):851－859.

[213] A. ZettlSturm-Liouville Theory[M]. Providence, Rhode Island: American Mathematics Society, Mathematical Surveys and Monographs, 2005, 121.

[214] A Zettl, J Sun. Survey article: Self-adjoint ordinary differential operators and their spectrum[J]. The Rocky Mountain Journal of Mathematics, 2015, 45(3):763－886.

[215] 张新艳. 几类内部具有不连续性的高阶微分算子的自共轭性与耗散性及其谱分析[D]. 呼和浩特：内蒙古大学，2013.

[216] X Zhang, J Sun. A class of fourth-order differential operator with eigenparameterdependent boundary and transmission conditions [J]. Mathematica Applicata, 2013, 26(1):205－219.

[217] M Zhang, K Li. Dependence of eigenvalues of Sturm-Liouville problems with eigenparameter dependent boundary conditions[J].

Applied Mathematics and Computation,2020,378:1—10.

[218] M Zhang,Y Wang. Dependence of eigenvalues of Sturm-Liouville problems with interface conditions[J]. Applied Mathematics and Computation,2015,265:31—39.

[219] 赵迎春. 内部具有不连续性 Sturm-Liouville 算子的研究[D]. 呼和浩特:内蒙古大学,2018.

[220] Y Zhao, J Sun, A Zettl. Self-adjoint Sturm-Liouville problems with an infinite number of boundary conditions[J]. Mathematische Nachrichten,2016,289(8—9):1148—1169.

[221] 赵迎春,孙炯. 一类内部具有无穷连续点 Sturm-Liouville 算子的亏指数[J]. 数学物理学报,2018,38A(3):484—495.

[222] Z Zheng,J Cai,K Li. A discontinuous Sturm-Liouville problem with boundary conditions rationally dependent on the eigenparameter[J]. Boundary Value Problems,2018,103:1—15.

[223] H Zhu,Y Shi. Continuous dependence of the n-th eigenvalue on self-adjoint discrete SturmLiouville problem[J]. Journal of Differential Equations,2016,260(7):5987—6016.

[224] H Zhu,Y Shi. Dependence of eigenvalues on the boundary conditions of Sturm-Liouville problems with one singular endpoint[J]. Journal of Differential Equations,2017,263(9):5582—5609.

主要符号表

λ	复数
$\bar{\lambda}$	复数 λ 的共轭
$\Im$	虚部
$\Re$	实部
$\mathbb{N}$	正整数集
$\mathbb{N}_0$	自然数集
$\mathbb{Z}$	整数集
$\mathbb{Z}^*$	不包括零的整数集
$\mathbb{R}$	实数域
$\mathbb{C}$	复数域
$\oplus$	空间的直和
$\boldsymbol{A}^{\mathrm{T}}$	矩阵 $\boldsymbol{A}$ 的转置
$\boldsymbol{A}^{-1}$	矩阵 $\boldsymbol{A}$ 的逆
$\boldsymbol{A}^*$	矩阵 $\boldsymbol{A}$ 的伴随矩阵
$\mathrm{Rank}\boldsymbol{A}$	矩阵 $\boldsymbol{A}$ 的秩
$\det\boldsymbol{A}$	矩阵 $\boldsymbol{A}$ 的行列式
$D(T)$	算子 T 的定义域
$R(T)$	算子 T 的值域
$R^{\perp}(T)$	算子 T 的值域的正交补
$\ker T$	算子 T 的核
$\mathrm{coker}T$	算子 T 的余核
$\mathrm{tr}T$	算子 T 的迹
$\rho(T)$	算子 T 的预解集

$\sigma(T)$	算子 T 的谱集
$AC_{\text{loc}}(J, R)$	区间 J 上的所有局部绝对连续的实值函数全体
$L(J, R)$	区间 J 上所有勒贝格可积的实值函数全体
$[\cdot, \cdot]$	拉格朗日共轭双线性型
$\varnothing$	空集
$\det\boldsymbol{K}$	矩阵 $\boldsymbol{K}$ 的行列式
$\mathrm{SL}(2, \mathbb{R})$	行列式为 1 的二阶实矩阵
$\boldsymbol{M}_{n,m}(\mathbb{R})$	$n \times m$ 阶的实矩阵
$H_c(T)$	Hilbert 空间 H 关于 T 的连续子空间
$H_p(T)$	Hilbert 空间 H 关于 T 的不连续子空间
$C^k(J)$	J 上有 K 阶连续导数的函数全体

附录 A　Hilbert 空间的线性算子

为了方便读者理解第 2～4 章内容，附录 A 和附录 B 简单介绍了 Hilbert 空间线性算子和对称微分算子的基本知识，详细内容参见文献 [38].

A.1　$L^2(a,b)$ 空间

定义 A.1　设 H 是复数域 C 上的线性空间，若存在 $H\times H\mapsto C$ 的函数 (x,y)，满足以下性质

(1) $(x,y)=\overline{(y,x)}$；

(2) 对任何 $\alpha,\beta\in C$ 及 $x,y,z\in H$，恒有

$$(\alpha x+\beta y,z)=\alpha(x,z)+\beta(y,z) \tag{A.1}$$

(3) $(x,x)\geqslant 0$，并且当且仅当 $x=0$ 时，

$$(x,x)=0 \tag{A.2}$$

则函数 (x,y) 称为元素 x,y 的**内积**，H 称为**内积空间**.

显然，由 (1)，(2) 可以推出

(2)′ $(z,\alpha x+\beta y)=\overline{\alpha}(z,x)+\overline{\beta}(z,y)$.

内积空间必可赋范. 事实上，对于任一 $x\in H$，令它的范数为

$$\| x \| \equiv (x,x)^{\frac{1}{2}} \tag{A.3}$$

则可证明，它满足范数的三个性质

(1) $\| x \|\geqslant 0$，并当且仅当 $x=0$ 时，$\| x \|=0$；

(2) 对任何 $\alpha\in C$，$\| \alpha x \|=|\alpha|\,\| x \|$；

(3) $\| x+y \|\leqslant\| x \|+\| y \|$.

性质 (3) 常称为 Minkowski 不等式.

引理 A.1.　(Schwarz 不等式) 对于内积空间中的任意两个元素 x,y，

恒有

$$|(x,y)| \leqslant \|x\| \cdot \|y\| \tag{A.4}$$

对于赋范的空间 H，恒可定义它的任意两个元素 x,y 间的距离为

$$\rho(x,y) \equiv \|x-y\| \tag{A.5}$$

根据范数的性质，可以证明 $\rho(x,y)$ 满足性质

(1) $\rho(x,y) \geqslant 0$，并当且仅当 $x=y$ 时，$\rho(x,y)=0$；

(2) $\rho(x,y)=\rho(y,x)$；

(3) $\rho(x,y) \leqslant \rho(x,y)+\rho(y,x)$，

此式常称为三角不等式.

在空间 H 上定义了距离之后，便可引进极限概念，并讨论空间的完备性质.

定义 A.2　(Cauchy 列，收剑列) 设 $\{x_n\}$ $(n=1,2,\cdots)$ 是空间 H 内的元素列，若对于任意给定的实数 $\varepsilon>0$，存在自然数 N，对一切 $n,m>N$，不等式

$$\rho(x_n,x_m)<\varepsilon \tag{A.6}$$

都成立，则 $\{x_n\}$ 称为 H 内的 **Cauchy 列**(**或基本列**). 若存在 $x\in H$，使

$$\lim_{n\to\infty}\rho(x,x_n)=0 \tag{A.7}$$

则称 $\{x_n\}$ 是**收剑列**，并称 x 为**序列** $\{x_n\}$ 的**极限**.

定义 A.3　(Hilbert 空间，L^2 空间) 若空间内任何 Cauchy 列必有极限，则该空间就称为是**完备的**. 其中完备的内积空间称为 **Hilbert 空间**.

令 $L^2(a,b)$ 表示 (a,b) 上所有满足条件

$$\int_a^b |f(x)|^2 \mathrm{d}x < \infty \tag{A.8}$$

的复值可测函数集合，这里 (a,b) 可以是无穷区间，则 $L^2(a,b)$ 是一个复数域上的线性空间.

定义 A.4　($L^2(a,b)$ 上的内积) 在 $L^2(a,b)$ 上定义内积如下：设 f,g 为 $L^2(a,b)$ 内的任意两个函数，则它们的内积定义为

$$(f,g) \equiv \int_a^b f \cdot \overline{g} \mathrm{d}x \tag{A.9}$$

在空间 $L^2(a,b)$ 内，一个函数 $f=0$ 其含义应是几乎处处为 0. 因此，一切仅在零测度集上取值不等的函数在 $L^2(a,b)$ 内均视为同一元素.

定义 A.5 （平均收敛）若 $\{f_n\}(n=1,2,\cdots)$ 是 $L^2(a,b)$ 内的收敛列，f 为其极限函数，则有

$$\lim_{n\to\infty} \| f_n - f \| = \lim_{n\to\infty} \left(\int_a^b |f_n - f|^2 \mathrm{d}x \right)^{\frac{1}{2}} = 0 \tag{A.10}$$

称在 L^2 范数下的收敛为**平均收敛**，并记为

$$\lim_{n\to\infty} f_n(x) = f(x) \text{或 } f_n \to f(n\to\infty) \tag{A.11}$$

下述定理 A.1 表明赋予了范数与距离的空间 $L^2(a,b)$ 是完备的，因此是一个 Hilbert 空间.

定理 A.1 （Riesz-Fisher）$L^2(a,b)$ 内的任一 Cauchy 列平均收敛到 $L^2(a,b)$ 内的一个极限函数.

为简便计，附录的叙述中恒以 H 表示 $L^2(a,b)$.

A.2 正交系

Hilbert 空间区别于一般完备赋范空间（Banach 空间）的主要特征，是其具有内积，因此可定义元素间的正交性，并进一步对空间进行正交分解.

定义 A.6 空间 H 内任意两个函数 f,g，若满足 $(f,g)=0$，则称它们是**正交的**；若 H 内的函数系 $\{u_n\}(n=1,2,\cdots)$ 的元素两两正交，则称为**正交函数系**；若它进一步满足 $\| u_n \| = 1(n=1,2,\cdots)$，则称为**规一的正交函数系**.

显然，若 $\{u_n\}$ 是由非零函数组成的正交系，则 $\{u_n / \| u_n \| \}$ 是规一的正交系.

定义 A.7　设 $\mathscr{U}=\{u_i\}(i=1,2,\cdots)$是空间 H 内的一族规一的正交系，f 是 H 内的任意函数，令 $c_i=(f,u_i)(i=1,2,\cdots)$，称为 f **对于正交系** $\mathscr{U}$ **的** Fourier **系数**.

引理 A.2　(Bessel 不等式)

$$\sum_{i=1}^{\infty}|c_i|^2\leqslant\|f\|^2 \tag{A.12}$$

定理 A.2　令 $f_n=\sum_{i=1}^{n}c_iu_i(n=1,2,\cdots)$，则$\{f_n\}$是 H 内的 Cauchy 列.

根据空间 H 的完备性知序列$\{f_n\}$必有极限，为简便计，仍以 $\sum_{i=1}^{\infty}c_iu_i$ 表示极限函数，即

$$\lim f_n=\lim\sum_{i=1}^{n}c_iu=\sum_{i=1}^{\infty}c_iu_i \tag{A.13}$$

这时无穷级数是在 L^2 度量意义下的求和(即平均收敛). 函数 $\sum_{i=1}^{\infty}c_iu_i$ 称为 f **在正交系** $\mathscr{U}$ **下的 Fourier 展开式.**

A.3　Parseval 等式

一个函数 $f\in H$ 若与集合 $S\subset H$ 中的任一函数正交，则称 **f 与 S 正交**，记为 $f\perp S$. 一切与 S 正交的函数所组成的集合，称为 S 的**正交补集**，记为 $S^{\perp}$. 显然，对任何 S，$S^{\perp}$为一线性流形，都有 $\overline{S}^{\perp}=S^{\perp}=\overline{S^{\perp}}$.

定理 A.3　(正交分解定理)设 H_1 是 H 的子空间，则对任何 $f\in H$，有唯一的分解式

$$f=f_1+f_2 \tag{A.14}$$

其中 $f_1\in H_1$，$f_2\in H_1^{\perp}$.

在实际应用中，分解定理常可叙述为如下形式

定理 A.3′ 若 M 为空间 H 内的线性流形，则对于任一 $f\in H$，可有唯一的分解式

$$f=f_1+f_2 \tag{A.15}$$

其中 $f_1\in\overline{M}$，$f_2\in M^{\perp}$.

定义 A.8 一个 H 内的集合 S，若其闭包 $\overline{S}=H$，则称 S 在 H **内是稠密的**.

按定义，S 在 H 内是稠密的意味着：对任一 $f\in H$ 及任意的 $\varepsilon>0$，一定有 $\phi\in S$，使 $\|\phi-f\|<\varepsilon$.

命题 A.1 线性流形 $S\subset H$ 在 H 内是稠密的充要条件为 $S^{\perp}=\{0\}$.

定义 A.9 假设函数列 $\{u_n\}(n=1,2,\cdots)$ 所张成的线性流形在 H 内稠密，则称 $\{u_n\}$ 是**完备的**. 若 $\{u_n\}^{\perp}=\{0\}$，则称 $\{u_n\}$ 是完全的.

命题 A.2 函数列 $\mathscr{U}=\{u_n\}$ 是完备的充要条件为它是完全的，即

$$\mathscr{U}^{\perp}=\{0\} \tag{A.16}$$

定理 A.4 若 $\{u_i\}(i=1,2,\cdots)$ 是空间 H 内的一组完备的规一正交系，则对于任何 $f\in H$，可有

(1) $f=\sum\limits_{i=1}^{\infty}(f,u_i)u_i$；

(2) $\|f\|^2=\sum\limits_{i=1}^{\infty}|(f,u_i)|^2$.

反之，若(1)(或(2))对任何 $f\in H$ 成立，则 $\{u_i\}$ 必为 H 内的一组完备规一正交系.

定理 A.4 中的等式常称为 Parseval 等式.

一个赋范空间，若存在完备的可数列，则称为是**可分的**. 因此，空间 H 存在完备正交系的充要条件为 H 是可分空间. $L^2(a,b)$ 空间为一可分空间.

定理 A.5 若 (a,b) 为有穷区间，则函数系 $\{x^n\}(n=0,1,2,\cdots)$ 在 $L^2(a,b)$ 内是完备的.

A.4 有界线性算子

定义 A.10 若存在一种规则 T,使对于线性流形$\mathcal{M}\subset H$ 上的任一函数 f,必有 $g\in H$ 与之对应,记为 $g=Tf$,并且满足条件:对任何 $f_1,f_2\in M$ 及任何复数 α,β,都有

$$T(\alpha f_1+\beta f_2)=\alpha Tf_1+\beta Tf_2 \tag{A.17}$$

则 T 称为空间 H 内的**线性算子**. 线性流形$\mathcal{M}$称为 T 的**定义域**,常记为 $\mathscr{D}(T)$,同时集合

$$\mathscr{R}(T)=\{Tf\mid f\in\mathscr{D}(T)\} \tag{A.18}$$

称为 T 的**值域**. 通常总要求 $\mathscr{D}(T)$在 H 内是稠密的.

将定义域上的任何函数都对应到自身的算子,称为**恒等算子**,常记为 I.

设对任何 $f,g\in\mathscr{D}(T)$,$f\neq g$,有 $Tf\neq Tg$,则存在以 $\mathscr{R}(T)$为定义域、以 $\mathscr{D}(T)$为值域的线性算子 $Tf\mapsto f$,称为 T 的**逆算子**,记为 T^{-1}. 对于逆算子,有 $T^{-1}T=I_1$,$TT^{-1}=I_2$. 注意,式(A.18)中的 I_1 是 $\mathscr{D}(T)$上的恒等算子;I_2 是 $\mathscr{R}(T)$上的恒等算子.

容易证明:线性算子 T 存在逆算子的充要条件为方程 $Tf=0$ 仅有零解.

线性算子 T,若其定义域 $\mathscr{D}(T)=H$,且存在常数 $c\geqslant 0$,使对一切 $f\in H$,有 $\|Tf\|\leqslant c\|f\|$,则称为 H 内的**有界算子**. 否则,就称为**无界算子**. 微分运算是 $L^2[a,b]$内的无界算子. 而关于积分运算为一有界算子.

对于 H 内的任何有界算子 T,可以赋予它一个范数 $\|T\|$ 如下

$$\|T\|\equiv\sup_{\|f\|=1}\|Tf\| \tag{A.19}$$

于是对一切 $f\in H$,可有

$$\|Tf\|\leqslant\|T\|\,\|f\| \tag{A.20}$$

命题 A.3 定义在 H 上的线性算子 T 为连续的充要条件是：它为有界的.

定义 A.11 若存在 H 到复数域 $\mathbb{C}$ 的一个映射 A，满足条件

(1)对任何 $f,g\in H$ 及 $\alpha,\beta\in\mathbb{C}$，有

$$A(\alpha f+\beta g)=\alpha Af+\beta Ag \tag{A.21}$$

则 A 称为 H 上的一个**线性泛函**；若 A 进一步满足条件：

(2)存在常数 $c\geqslant 0$，使对一切 $f\in H$，有 $\|Af\|\leqslant c\|f\|$，则 A 称为 H 上的有界线性泛函.

H 上线性泛函是连续的充要条件为它是有界的.

定理 A.6 (Riesz－Frechét)对于 H 上的任一有界线性泛函 A，存在唯一的 $g^*\in H$，使 $Af=(f,g^*)$.

定理 A.7 对于 H 上的任何有线线性算子 T，必对应地有唯一的有界线性算子 T^*，称为 T 的**共轭算子**，使对于任何 $f,g\in H$，有 $(Tf,g)=(f,T^*g)$，并且 $\|T^*\|=\|T\|$.

有界线性算子 T 若满足 $T=T^*$，则称为**对称算子**，或**自伴算子**，若 T 为自伴算子，则对任何 $f,g\in H$，有

$$(Tf,g)=(f,Tg) \tag{A.22}$$

定理 A.8 有界线性算子 T 为自伴的充要条件是：对任何 $f\in H$，(Tf,f)为实数.

对于任一自伴算子 T，令

$$m=\inf_{\|f\|=1}(Tf,f),M=\sup_{\|f\|=1}(Tf,f) \tag{A.23}$$

分别称为 T 的**下界**与**上界**.

定理 A.9 若 T 为有界自伴算子，则

$$\|T\|=\sup_{\|f\|=1}|(Tf,f)|=\max\{|m|,|M|\} \tag{A.24}$$

A.5 闭的线性算子

定义 A.12 设 H 是一个 Hilbert 空间，T 是从 $\mathscr{D}(T)$到 H 的线性算子，

$$T:\mathscr{D}(T)\to H \tag{A.25}$$

其中 $\mathscr{D}(T)\subset H$. 称 T 是一个**闭的线性算子**.

定理 A.10 设 H 是一个 Hilbert 空间，T 是从 H 到 H 的线性算子，则 T 是闭的当且仅当对于任意的$\{x_n\}\subset\mathscr{D}(T)$，$x_n\to x$，以及 $Tx_n\to y(n\to\infty)$，可推出 $x\in\mathscr{D}(T)$，$y=Tx$.

一般来说，闭的线性算子不一定是有界线性算子.

定理 A.11 设 T 是从 $\mathscr{D}(T)$到 H 的闭的线性算子，其中 H 是一个 Hilbert 空间，$\mathscr{D}(T)\subset H$. 如果 $\mathscr{D}(T)$在 H 中是闭的，那么 T 是一个有界的线性算子.

如果 T 是可闭的，则存在唯一确定的线性算子 $\overline{T}$，使

$$G(\overline{T})=\overline{G(T)} \tag{A.26}$$

$\overline{T}$ 是闭的，称为 T 的**闭包**.

定理 A.12 (1)T 是可闭的线性算子，当且仅当如果

$$\{x_n\}\subset\mathscr{D}(T),x_n\to 0 \tag{A.27}$$

$\{Tx_n\}$在 H_2 中收敛，则 $Tx_n\to 0$.

(2)T 是可闭的线性算子，那么

$$\mathscr{D}(\overline{T})=\{x\in H_1\mid \exists\{x_n\},\text{使 } x_n\to x,\text{且}\{Tx_n\}\text{也是收敛的}\},$$

$$\overline{T}x=\lim_{n\to\infty}Tx_n,x\in\mathscr{D}(\overline{T}) \tag{A.28}$$

A.6 无界线性算子的共轭算子

共轭算子在无界线性算子理论中扮演着十分重要的角色.

定义 A.13 设 H 是一个 Hilbert 空间，$\mathscr{D}(T)$在 H 中稠密，

$$T:\mathscr{D}(T)\to H \tag{A.29}$$

是从 $\mathscr{D}(T)$到 H 的线性算子，T 的共轭算子 T^* 定义为从 $\mathscr{D}(T^*)$到 H

的映射

$$T^*:\mathscr{D}(T^*)\to H \tag{A.30}$$

其中

$$\mathscr{D}(T^*)=\{y\in H\mid 存在\ y^*,使对于\ \forall x\in\mathscr{D}(T),(Tx,y)=(x,y^*)\}$$

且

$$T^*y=y^* \tag{A.31}$$

注：1. $\mathscr{D}(T)$在 H 中稠密的线性算子称为稠定的线性算子. 由于赋范空间均可以完备化,线性算子均可视为稠定的,但 $\mathscr{D}(T)$不一定是全空间.

2. 容易验证 T^* 是一个线性算子,且对于稠定的线性算子 T_1,T_2 和数值 α,有

(1)$(T_1+T_2)^*=T_1^*+T_2^*$;

(2)$(\alpha T)^*=\overline{\alpha}T^*$.

定理 A.13 设 T 是 H 中稠定的线性算子,则

(1)T^* 是闭的;

(2)若 T_1,T_2 是 H 中稠定的线性算子,且 $T_1\subset T_2$,则 $T_2^*\subset T_1^*$;

(3)设 T 是 H 中可闭的稠定线性算子,则$(\overline{T})^*=T^*$.

对于线性算子 T^*,如果 T^* 是稠定的,则可以定义 $T^{**}=(T^*)^*$.

定理 A.14 设 T 和 T^* 是稠定的线性算子,则 $T\subset T^{**}$.

注:由于 T^{**} 是闭算子,因此 T^{**} 的存在($\mathscr{D}(T^*)$稠)是 T 可闭的充分条件.

定理 A.15 T 是可闭的,当且仅当 T^* 是稠定的,并且有 $\overline{T}=T^{**}$.

定理 A.16 设 T 是 Hilbert 空间 H 上定义的稠定线性算子,则

$$\mathscr{R}(T)^{\perp}=\mathscr{N}(T^*) \tag{A.32}$$

如果 T 是闭的,那么

$$\mathscr{R}(T^*)^{\perp}=\mathscr{N}(T) \tag{A.33}$$

A.7 对称算子和自伴算子

在无界线性算子理论中,对称算子、自伴算子都是十分重要的概念.

算子 A 若定义域在 H 内是稠密的，且满足 $A\subset A^*$，则称 A 为**对称算子**. 因此，若 A 为对称算子，则对于任意的 $u,v\in\mathscr{D}(A)$，有

$$(Au,v)=(u,Av) \tag{A.34}$$

对称算子 A 若满足 $A=A^*$，则称为**自伴算子**，自伴算子必为闭算子. 注意，对有界算子而言，对称算子必为自伴算子，但对无界算子而言，二者并不一定相等.

算子 A，若 $\mathscr{D}(A^*)$ 在 H 内稠密，则 A^* 的共轭算子存在，记为 $(A^*)^*=A^{**}$，同理可记 $(A^{**})^*=A^{***}$ 等.

注：对无界算子而言，A^{**} 并不一定与 A 相等. 特别是在 A 不是闭算子的情形下，必然有 $A^{**}\neq A$.

定理 A.17　若 A 为对称算子，则

(1) $\mathscr{D}(A^*)$ 稠密；

(2) $A\subset A^{**}\subset A^*$；

(3) $A^{***}=A^*$.

A.8　线性算子的谱

对于给定方程

$$(A-\lambda \boldsymbol{I})y=f \tag{A.35}$$

其中 A 代表赋范空间的线性算子，y 代表未知元，f 代表已知元. 为了研究这类方程的求解问题，就需要考察线性算子 $A-\lambda\boldsymbol{I}$ 及它的逆 $(A-\lambda\boldsymbol{I})^{-1}$.

设 A 为空间 H 内的线性算子，则对于复平面上的一切点 λ，可以按 $(A-\lambda\boldsymbol{I})^{-1}$ 的不同情况进行如下分类

(1) $(A-\lambda\boldsymbol{I})^{-1}$ 不存在. 这等价于方程 $(A-\lambda I)^{-1}y=0$ 有非平凡解，这时 λ 称为 A 的**本征值**. A 的所有本征值组成的集称为 A 的**点谱**，记为 $\sigma_p(A)$.

(2) $(A-\lambda\boldsymbol{I})^{-1}$ 存在，其定义域在空间 H 内不稠密，即 $\overline{\mathscr{R}(A-\lambda\boldsymbol{I})}\neq H$. 所有如上的 λ 组成的集称为 A 的**剩余谱**，记为 $\sigma_R(A)$.

(3) $(A-\lambda \boldsymbol{I})^{-1}$ 存在，其定义域在 H 内稠密，即

$$\mathscr{R}_{(A-\lambda \boldsymbol{I})}=H \tag{A.36}$$

但 $(A-\lambda \boldsymbol{I})^{-1}$ 在 $\mathscr{R}(A-\lambda \boldsymbol{I})$ 上无界，也即对一切 $\mathscr{R}(A-\lambda \boldsymbol{I})$ 上规一的元素 u 而言，

$$\sup \|(A-\lambda \boldsymbol{I})^{-1} u\|=\infty \tag{A.37}$$

所有如上的 λ 组成的集称为 A 的**连续谱**，记为 $\sigma_c(A)$.

令 $\sigma(A)=\sigma_p(A) \cup \sigma_R(A) \cup \sigma_c(A)$，称为 A 的**谱集**，简称为 A 的谱.

(4) $(A-\lambda \boldsymbol{I})^{-1}$ 存在，其定义域在 H 内稠密，即

$$\mathscr{R}_{(A-\lambda \boldsymbol{I})}=H \tag{A.38}$$

(若 A 为闭算子，则 $\mathscr{R}(A-\lambda \boldsymbol{I})=H$)，且 $(A-\lambda \boldsymbol{I})^{-1}$ 有界，这时 λ 称为 A 的**正则点**，相应的 $(A-\lambda \boldsymbol{I})^{-1}$ 称为**预解算子**. A 的所有正则点组成的集，称为 A 的**预解集**，记为 $R(A)$.

于是由上述定义，可有 $\sigma(A) \cup R(A)=\mathbb{C}$.

设 λ 为 A 的本征值，则 $(A-\lambda \boldsymbol{I}) y=0$ 的非平凡解 y 称为 A 的**本征元素**(对函数空间而言，y 称为**本征函数**). 显然易证，所有 A 的对应于 λ 的本征元素加上 0 元素，组成一个线性流形，它的维数称为本征值 λ 的**重数**.

定理 A.18 若 A 为对称算子，则 A 的本征值必为实数，且对应于不同本征值的不同本征元素互相正交.

定理 A.19 设 A 为对称算子 $\lambda=u+\mathrm{i} v(v \neq 0)$，则 $(A-\lambda \boldsymbol{I})^{-1}$ 存在，且对任何 $g \in \mathscr{R}(A-\lambda \boldsymbol{I})$，有

$$\|(A-\lambda \boldsymbol{I})^{-1} g\| \leqslant \frac{1}{|v|}\|g\| \tag{A.39}$$

推论 A.1 A 为对称算子，则一切非实的复数 λ 均属于 $\sigma_R(A) \cup R(A)$.

定理 A.20 (1)若 $\lambda \in \sigma_R(A)$，则 $\bar{\lambda} \in \sigma_P(A^*)$；

(2)若 $\bar{\lambda} \in \sigma_p(A^*)$，$\bar{\lambda} \in \sigma_p(A)$，则 $\lambda \in \sigma_R(A)$.

定理 A.21 若 A 为自伴算子，则 $\sigma_R(A)=\varnothing$.

推论 A.2 若 A 为自伴算子，则一切非实的复数 λ 均属于预解集 $R(A)$.

附录 B 常型的对称微分算子

B.1 二阶对称微分算式

考虑定义于闭区间$[a,b]$上的常微分算式

$$\ell(y)=P_0(x)y''+P_1(x)y'+P_2(x)y \tag{B.1}$$

其中 $P_j(x)\in C^{2-j}[a,b]$ $(j=0,1,2)$，$P_0(x)$恒不为 0. 显然，运算式$\ell(y)$不能作用于空间 $L^2[a,b]$上的所有函数. 令 $\mathscr{D}_M$ 表示 $L^2[a,b]$内满足条件

(1)y'在$[a,b]$上绝对连续；

(2)$\ell(y)\in L^2[a,b]$

的函数所组成的集合，则 $\mathscr{D}_M$ 是 $L^2[a,b]$内能使 $l(y)$生成线性算子的最大线性流形，称为 $\ell(y)$的**最大算子域**. $\ell(y)$以 $\mathscr{D}_M$ 为定义域所生成的算子，记为 $\mathscr{L}_M$，称为 $\ell(y)$**生成的最大算子**. 显然，$\mathscr{L}_M$ 是 $L^2[a,b]$内的无界算子，并且一切由 $\ell(y)$所生成的算子 $\mathscr{L}$，均满足 $\mathscr{L}\subset\mathscr{L}_M$.

在 $L^2[a,b]$内常把由微分算式所生成的算子称为**微分算子**.

令 y,z 为 $\mathscr{D}_M$ 内的任意两个函数，考虑

$$(\ell(y),z)=\int_a^b \ell(y)\overline{z}\mathrm{d}x=\int_a^b (P_0y''+P_1y'+P_2y)\overline{z}\mathrm{d}x \tag{B.2}$$

应用分部积分法，可得到

$$\int_a^b \ell(y)\overline{z}\mathrm{d}x-\int_a^b y\overline{\ell^*(z)}\mathrm{d}x=[yz](b)-[yz](a) \tag{B.3}$$

其中

$$\ell^*(z)=(\overline{P_0}z)''-(\overline{P_1}z)'+\overline{P_2}z \tag{B.4}$$

称为 $\ell(y)$的**共轭微分式**.

$$[yz](x)=y'(P_0\overline{z})-y(P_0\overline{z})'+y(P_1\overline{z}) \tag{B.5}$$

称为关于 $\ell(y)$的 **Lagrange 双线性型**，为简便计，以后称它为 $\ell(y)$关于

函数 y,z 的契合函数，并简记

$$[yz]_a^b \equiv [yz](b)-[yz](a) \tag{B.6}$$

恒等式(B.3)称为 **Green 公式.**

微分算式 $\ell(y)$ 若与其共轭算式相等，则称它是对称的. 由等式 $\ell(y)=\ell^*(y)$，即可求得实系数的 $\ell(y)$ 为对称的充要条件是 $P_1=P_0'$. 若令 $P=-P_0, q=P_2$，则实对称的放分算式可以写成如下标准形状

$$\ell(y)=-(Py')'+qy \tag{B.7}$$

对于实对称的微分算式，Green 公式为

$$\int_a^b \ell(y)\bar{z}\,\mathrm{d}x-\int_a^b y\overline{\ell(z)}\,\mathrm{d}z=[yz]_a^b \tag{B.8}$$

其中

$$[yz](x)=P(y\bar{z}'-y'\bar{z}) \tag{B.9}$$

根据 Green 公式可知，若 u,v 为 $\ell(y)=0$ 的解，则 $[uv](x)=\text{const}$.

B.2 最小与最大算子

令 $\mathscr{D}_0$ 为 $\mathscr{R}_M$ 内满足条件

$$y(a)=y'(a)=y(b)=y'(b)=0 \tag{B.10}$$

的函数所成的线性流形. $\ell(y)$ 以 $\mathscr{D}_0$ 为定义域所生成的算子，记为 $\mathscr{L}_0$，称为 $\ell(y)$ **所生成的最小算子**，相应地，$\mathscr{D}_0$ 称为 $\ell(y)$ 的**最小算子域**. 由式(B.10)可知，对任何 $u\in\mathscr{D}_0$ 及 $v\in\mathscr{D}_M$，$[uv]_a^b=0$，从而知

$$(\mathscr{R}_0 u,v)=(u,\mathscr{L}_M v) \tag{B.11}$$

引理 B.1 设 $\psi(x)$ 在 $[a,b]$ 上几乎处处满足微分方程 $\ell(y)=f(x)$ 及满足初始条件

$$y(a)=y'(a)=0 \tag{B.12}$$

其中

$$f(x)\in L^2[a,b] \tag{B.13}$$

则 $\psi(x)\in\mathscr{D}_0$ 的充要条件是 $f(x)$ 与 $\ell(y)=0$ 的一切解正交.

若以 $\mathscr{R}_0$ 表示算子 $\mathscr{L}_0$ 的值域，以 $\mathscr{N}$ 表示算子 $\mathscr{L}_M$ 的零空间，则引理

B.1 亦可表述为

$$\mathscr{R}_0^{\perp}=\mathscr{N} \tag{B.14}$$

推论 B.1　$\mathscr{D}_0$ 在 $L^2[a,b]$内是稠密的.

由于 $\mathscr{D}_M\supset\mathscr{D}_0$，因此知 $\mathscr{D}_M$ 亦为 $L^2[a,b]$内的稠密集，这说明算子 $\mathscr{L}_0,\mathscr{L}_M$ 均存在共轭算子.因为 $\mathscr{L}_0\subset\mathscr{L}_M$，由式(B.11)可知 $\mathscr{L}_0$ 为一对称算子.

引理 B.2　对于任给的复数组$(\alpha_1,\beta_1,\alpha_2,\beta_2)$存在 $y\in\mathscr{D}_M$，满足

$$\begin{aligned}&y(a)=\alpha_1,P(a)y'(a)=\beta_1\\&y(b)=\alpha_2,P(b)y'(b)=\beta_2\end{aligned} \tag{B.15}$$

定理 B.1　$\mathscr{L}_0^*=\mathscr{L}_M,\mathscr{L}_M^*=\mathscr{L}_0$.

推论 B.2　$\mathscr{L}_0,\mathscr{L}_M$ 均为闭算子.

B.3　*n* 阶对称微分算式及契合函数

考虑 n 阶$(n\geqslant1)$的线性微分算式

$$\ell(y)=P_0(x)y^{(n)}+P_1(x)y^{(n-1)}+\cdots+P_n(x)y \tag{B.16}$$

其中 $P_j(x)$为$[a,b]$上的复值函数，$P_j\in C^{n-j}[a,b]$ $(j=0,1,\cdots,n)$，$P_0(x)$恒不为 0.

对 $\int_a^b\ell(y)\bar{z}\mathrm{d}x$ 施行分部积分法，可得到一般的 Green 公式

$$\int_a^b\ell(y)\bar{z}\mathrm{d}x-\int_a^b y\ell^*(z)\mathrm{d}x=[yz]_a^b \tag{B.17}$$

其中

$$\ell^*(z)=(-1)^n(\overline{P_0}z)^{(n)}+(-1)^{n-1}(\overline{P_1}z)^{(n-1)}+\cdots+\overline{P_n}z \tag{B.18}$$

为 $\ell(y)$的共轭微分算式.此时相应的契合函数为

$$[yz](x)=\sum_{m=1}^{n}\sum_{j+k=m-1}(-1)^j y^{(k)}(P_{n-m}\bar{z})^{(j)} \tag{B.19}$$

当 $\ell(y)=\ell^*(y)$时，微分算式称为**对称的**.

引理 B.3 微分算式

$$\ell_{2k}(y)=[P(x)y^{(k)}]^{(k)} \tag{B.20}$$

$$\ell_{2k+1}(y)=\frac{\mathrm{i}}{2}\left[(P(x)y^{(k+1)})^{(k)}+(P(x)y^{(k)})^{(k+1)}\right]\quad (k\geqslant 0) \tag{B.21}$$

是对称的,其中 $P(x)$为实值函数.

上面引理中所述的微分算式,称为**基本对称微分算式**. 显然,任何基本对称微分算式的有限和为对称微分算式.

定理 B.2 n 阶微分算式$\ell(y)$为对称的充分必要条件是:它可以表示成有限个基本对称微分算式的和.

推论 B.3 任何实系数的对称微分算式 $\ell(y)$的阶数必为偶数,且具有如下形式:

$$\ell(y)=(P_0y^{(r)})^{(r)}+(P_1y^{(r-1)})^{(r-1)}+\cdots+(P_{r-1}y')'+P_ry \tag{B.22}$$

其中 $P_0,P_1,\cdots,P_r$ 均为实函数.

若将式(B.19)中$(P_{n-m}\overline{z})^{(j)}$展开,即可将$[yz](x)$写成为

$$[yz](x)=\sum_{j,k=1}^{n}q_{jk}y^{(k-1)}\overline{z}^{(j-1)} \tag{B.23}$$

引进矢量矩阵记号,记

$$\boldsymbol{C}(y)=\begin{pmatrix} y(x)\\ y'(x)\\ \vdots\\ y^{(n-1)}(x)\end{pmatrix},\boldsymbol{R}(y)=(y(x),y'(x),\cdots,y^{(n-1)}(x)) \tag{B.24}$$

并令

$$\boldsymbol{Q}(x)=(q_{jk})\quad (j,k=1,2,\cdots,n) \tag{B.25}$$

则

$$[yz](x)=(\boldsymbol{QC}(y),\boldsymbol{C}(z))=\boldsymbol{R}(\overline{z})\boldsymbol{QC}(y) \tag{B.26}$$

这里(·,·)代表有限维欧几里得空间的内积. 矩阵 $\boldsymbol{Q}(x)$应满足:

当 $j+k>n+1$ 时,$q_{jk}=0$;

当 $j+k=n+1$ 时，$q_{jk}=(-1)^{j-1}P_0(x)$. 因此

$$
\boldsymbol{Q}(x)=\begin{pmatrix} q_{11} & q_{12} & \cdots & q_{1n-1} & P_0 \\ q_{21} & q_{22} & \cdots & -P_0 & 0 \\ \vdots & \vdots & \vdots & \vdots & \vdots \\ (-1)^{n-1}P_0 & 0 & \cdots & 0 & 0 \end{pmatrix} \tag{B.27}
$$

由此即得 $\det\boldsymbol{Q}(x)=[P_0(x)]^n\neq0$，这说明 $\boldsymbol{Q}(x)$ 为一非奇矩阵.

定理 B.3　若 $\ell(y)$ 为对称微分算式，则有

(1) $[yz](x)=-\overline{[zy]}(x)$；

(2) $\boldsymbol{Q}^*(x)=-\boldsymbol{Q}(x)$；

(3) $[\boldsymbol{Q}^{-1}(x)]^*=[\boldsymbol{Q}^*(x)]^{-1}=-\boldsymbol{Q}^{-1}(x)$.

其中 $\boldsymbol{Q}^*(x)$ 表示矩阵 $\boldsymbol{Q}(x)$ 的共轭转置.

B.4　边界型定理

本节要用边界型来表示 $\ell(y)$ 的契合式，这对于求得微分算子的共轭，以及探讨微分算子自伴的条件，是一条简捷的途径.

令 $U_i(y)$ 表示 $2n$ 个变元 $y(a),y'(a),\cdots,y^{(n-1)}(a),y(b),y'(b),\cdots,y^{(n-1)}(b)$ 的线性齐式（简称为边界型）

$$
U_i(y)=\sum_{j=1}^{n}a_{ij}y^{(j-1)}(a)+\sum_{j=1}^{n}b_{ij}y^{(j-1)}(b) \tag{B.28}
$$

其中 a_{ij},b_{ij} 均为复常数（$i=1,2,\cdots,r;1\leqslant r\leqslant 2n$）.

若令

$$
\boldsymbol{U}(y)=\begin{pmatrix} U_1(y) \\ U_2(y) \\ \vdots \\ U_r(y) \end{pmatrix},\boldsymbol{A}=(a_{ij}) \tag{B.29}
$$

$$
\boldsymbol{B}=(b_{ij})(i=1,2,\cdots,r;j=1,2,\cdots,n)
$$

则式(B. 28)可写成矩阵矢量形式

$$\boldsymbol{U}(y)=\boldsymbol{AC}(y)_a+\boldsymbol{BC}(y)_b \tag{B. 30}$$

$\boldsymbol{U}(y)$称为**边界型矢量**. 若记

$$(\boldsymbol{A}\oplus\boldsymbol{B})=\begin{pmatrix} a_{11} & \cdots & a_{1n} & b_{11} & \cdots & b_{1n} \\ \vdots & \vdots & \vdots & \vdots & & \vdots \\ a_{r1} & \cdots & a_{rn} & b_{r1} & \cdots & b_{rn} \end{pmatrix}$$

$$\widetilde{\boldsymbol{C}}(y)=\begin{pmatrix} \boldsymbol{C}(y)_a \\ \boldsymbol{C}(y)_b \end{pmatrix} \tag{B. 31}$$

则式(B. 31)可进一步简写成为

$$\boldsymbol{U}(y)=(\boldsymbol{A}\oplus\boldsymbol{B})\widetilde{\boldsymbol{C}}(y) \tag{B. 32}$$

若矩阵$(\boldsymbol{A}\oplus\boldsymbol{B})$的秩 $\mathrm{Rank}(\boldsymbol{A}\oplus\boldsymbol{B})=r$,则称边界型矢量$\boldsymbol{U}(y)$是 r 维的,或称边界型 $U_1,\cdots,U_r$ 是**独立的**,此时任一边界型不能由其他边界型线性表出. 下面讨论都假设它们是独立的.

令 $U_{r+1}(y),\cdots,U_{2n}(y)$是任意 $2n-r$ 个独立的边界型,其矢量形式记为$\boldsymbol{U}_c(y)$. 若矢量

$$\widetilde{\boldsymbol{U}}(y)=\begin{pmatrix} \boldsymbol{U}(y) \\ \boldsymbol{U}_c(y) \end{pmatrix} \tag{B. 33}$$

是 $2n$ 维的,则称边界型矢量$\boldsymbol{U}_c(y)$与$\boldsymbol{U}(y)$**互补**,或边界型组 $U_{r+1},\cdots,U_{2n}$与式(B. 28)**互补**. 显然,给出与$\boldsymbol{U}$ 互补的$\boldsymbol{U}_c$,相当于在矩阵$(\boldsymbol{A}\oplus\boldsymbol{B})$上添加 $2n-r$ 个线性无关的行矢量,这总是可能的.

定理 B. 4 (边界型定理)对于给定的 r 维($r\leqslant 2n$)边界型矢量$\boldsymbol{U}(y)$和任一与之互补的 $2n-r$ 维矢量$\boldsymbol{U}_c(y)$,必唯一地对应有 r 和 $2n-r$ 维的互补边界型矢量$\boldsymbol{V}_c(z)$与$\boldsymbol{V}(z)$,使

$$[yz]_a^b=\boldsymbol{U}(y)\cdot\boldsymbol{V}_c(z)+\boldsymbol{U}_c(y)\cdot\boldsymbol{V}(z) \tag{B. 34}$$

若将$\boldsymbol{U}(y)$的互补矢量易以任一其他互补矢量$\boldsymbol{U}'_c$,并令$\boldsymbol{V}',\boldsymbol{V}'_c$ 是由$\boldsymbol{U},\boldsymbol{U}'_c$唯一确定的矢量,则必存在非奇矩阵$\boldsymbol{C}$,使得

$$V'=CV \tag{B.35}$$

$V(z)$称为$U(y)$的**共轭边界型矢量**. 由式(B.34)形式上的对称性，可知若$V(z)$为$U(y)$的共轭边界型矢量,则$U(y)$亦为$V(z)$的共轭边界型矢量,它们是互为共轭的.

两个边界型矢量$V(z)$,$V'(z)$若满足关系

$$V'(z)=CV(z) \tag{B.36}$$

其中C为非奇矩阵,则它们称为是**等价的**. 于是由定理 B.4 知,与同一边界型矢量共轭的边界型矢量必互相等价.

一个边界型矢量若与其共轭边界型矢量等价,则称它是**自共轭的**(或**自伴的**). 显然,一个边界型矢量是自伴的,则其维数r必满足$r=2n-r$，即$r=n$.

B.5　n 阶对称微分算式所生成的算子

设$\ell(y)$为$[a,b]$上n阶($n\geqslant1$)对称微分算式,$U(y)$为r维($r\leqslant2n$)边界型矢量. 令$\mathscr{D}$代表$L^2[a,b]$内满足下述条件的函数所组成的集合

(1)$y^{(n-1)}(x)$在$[a,b]$上绝对连续;

(2)$\ell(y)\in L^2[a,b]$;

(3)$U(y)=\mathbf{0}$.

显然,$\mathscr{D}$是$L^2[a,b]$内的线性流形. $U(y)=\mathbf{0}$称为**界定$\mathscr{D}$的边界条件**. $\ell(y)$以$\mathscr{D}$为定义域所生成的算子记为$\mathscr{L}$.

$\ell(y)$以$\mathscr{D}_M$为定义域所得的算子称为**最大算子**,记为$\mathscr{L}_M$. $\mathscr{D}_M$相应地称为$\ell(y)$的**最大算子域**. 若在条件(3)中,$U(y)$代表一个$2n$维的边界型矢量,则边界条件$U(y)=0$等价于

$$j^{(i-1)}(a)=y^{(j-1)}(b)=0 \quad (j=1,2,\cdots,n) \tag{B.37}$$

此时所得的线性流形记为$\mathscr{D}_0$. $\ell(y)$以$\mathscr{D}_0$为定义域所生成的算子称为**最小算子**,$\mathscr{D}_0$相应地称为最小算子域. 在一般$0\leqslant r\leqslant2n$的情况下,显然可有

$$\mathscr{D}_0\subset\mathscr{D}\subset\mathscr{D}_{\mathrm{M}} \tag{B.38}$$

亦即

$$\mathscr{L}_0 \subset \mathscr{L} \subset \mathscr{L}_M \tag{B.39}$$

引理 B.4 设 $f \in L^2[a,b]$，则微分方程 $\ell(y)=f$ 存在解 $y_0 \in \mathscr{D}_0$ 的充要条件为：f 与 $\ell(y)=0$ 的一切解正交.

引理 B.5 对于任意两组复数 $\alpha_1,\alpha_2,\cdots,\alpha_n$ 及 $\beta_1,\beta_2,\cdots,\beta_n$，存在 $y \in \mathscr{D}_M$，满足 $y^{(j-1)}(a)=\alpha_j$，$y^{(j-1)}(b)=\beta_j\ (j=1,2,\cdots,n)$.

定理 B.5 (1) $\mathscr{D}_0$，$\mathscr{D}$，$\mathscr{D}_M$ 在 $L^2[a,b]$ 内稠密；

(2) $\mathscr{L}_0$ 为对称算子，且 $\mathscr{L}_0^* = \mathscr{L}_M$；

(3) $\mathscr{L}_M^* = \mathscr{L}_0$；

(4) 对任何满足 $0<r<2n$ 的自然数 r，$\mathscr{L}_0 \subset \mathscr{L} \subset \mathscr{L}_M$，$\mathscr{L}_0 \subset \mathscr{L}^* \subset \mathscr{L}_M$.

命题 B.1 设 $\mathscr{L}^*$ 为微分算子 $\mathscr{L}$ 的共轭算子，$\mathscr{D}^*$ 为其定义域，则 $v \in \mathscr{D}^*$ 的充要条件为 $v \in \mathscr{D}_M$ 且对一切 $u \in \mathscr{D}$，有

$$[uv]_a^b = 0 \tag{B.40}$$

命题 B.2 微分算子 $\mathscr{L}$ 为自伴的充要条件是：它的定义域 $\mathscr{D}$ 满足

(1) $\mathscr{D} \subset \mathscr{D}_M$；

(2) $\forall u,v \in \mathscr{D}$，$[uv]_a^b=0$；

(3) 若 $v \in \mathscr{D}_M$，且对一切 $u \in \mathscr{D}$ 均有等式 $[uv]_a^b=0$，即可推出 $v \in \mathscr{D}$.

定义 B.1 若 $\boldsymbol{U}(y)$，$\boldsymbol{V}(y)$ 为互为共轭的边界型矢量，则 $\boldsymbol{U}(y)=\boldsymbol{0}$ 及 $\boldsymbol{V}(y)=\boldsymbol{0}$ 称为互为共轭的边界条件；若 $\boldsymbol{U}(y)$ 为自伴的边界型矢量，则 $\boldsymbol{U}(y)=\boldsymbol{0}$ 称为**自伴的边界条件**.

定理 B.6 设 $\mathscr{L}$，$\mathscr{L}'$ 为对称微分算式 $\ell(y)$ 所生成的算子，$\mathscr{L}$ 的定义域由边界条件 $\boldsymbol{U}(y)=0$ 界定；$\mathscr{L}'$ 的定义域由边界条件 $\boldsymbol{V}(y)=\boldsymbol{0}$ 界定，则算子 $\mathscr{L}$，$\mathscr{L}'$ 互为共轭的充要条件为它们的边界条件 $\boldsymbol{U}(y)=\boldsymbol{0}$ 与 $\boldsymbol{V}(y)=\boldsymbol{0}$ 互为共轭.

定理 B.7 设微分算子 $\mathscr{L}$ 的定义域由边界条件 $\boldsymbol{U}(y)=\boldsymbol{0}$ 界定，则算子 $\mathscr{L}$ 为自伴的充要条件是：它的边界条件 $\boldsymbol{U}(y)=\boldsymbol{0}$ 自伴.

共轭边界条件及自伴边界条件直接的解析判别准则如下

定理 B.8 (E. A. Coddington)设

$$\boldsymbol{U}(y)=\boldsymbol{A}\boldsymbol{C}(y)_a+\boldsymbol{B}\boldsymbol{C}(y)_b \tag{B.41}$$

与

$$\boldsymbol{V}(y)=\boldsymbol{S}\boldsymbol{C}(y)_a+\boldsymbol{T}\boldsymbol{C}(y)_b \tag{B.42}$$

分别为 r 维和 $2n-r$ 维边界型矢量，则边界条件 $\boldsymbol{U}(y)=\boldsymbol{0}$ 和 $\boldsymbol{V}(y)=\boldsymbol{0}$ 互为共轭的充要条件为

$$\boldsymbol{A}\boldsymbol{Q}^{-1}(a)\boldsymbol{S}^*=\boldsymbol{B}\boldsymbol{Q}^{-1}(b)\boldsymbol{T}^* \tag{B.43}$$

其中 $\boldsymbol{Q}(x)$ 为对称微分算式 $l(y)$ 的契合矩阵.

根据定理 B.8，立即可以推断得到以下关于自伴边界条件的判别准则.

定理 B.9 设

$$\boldsymbol{U}(y)=\boldsymbol{A}\boldsymbol{C}(y)_a+\boldsymbol{B}\boldsymbol{C}(y)_b \tag{B.44}$$

为一 n 维的边界型矢量，则 $\boldsymbol{U}(y)=\boldsymbol{0}$ 为对称微分算式 $\ell(y)$ 的自伴边界条件的充要条件为

$$\boldsymbol{A}\boldsymbol{Q}^{-1}(a)\boldsymbol{A}^*=\boldsymbol{B}\boldsymbol{Q}^{-1}(b)\boldsymbol{B}^* \tag{B.45}$$

其中 $\boldsymbol{Q}(x)$ 为 $\ell(y)$ 的契合矩阵.